# 華頓商學院
# 教你看懂財報，

FINANCE AND ACCOUNTING FOR BETTER DECISION-MAKING

# 做出正確決策

著—— 理查‧蘭柏特
（Richard Lambert）

譯—— 吳書榆

經營管理 110

# 華頓商學院教你看懂財報，做出正確決策（暢銷改版）

（原書名：華頓商學院教你活用數字做決策）

作　　　者　理查‧蘭柏特（Richard Lambert）
譯　　　者　吳書榆
責 任 編 輯　林博華
行 銷 業 務　劉順眾、顏宏紋、李君宜

總　編　輯　林博華
發　行　人　涂玉雲
出　　　版　經濟新潮社
　　　　　　104台北市民生東路二段141號5樓
　　　　　　電話：(02) 2500-7696　傳真：(02) 2500-1955
　　　　　　經濟新潮社部落格：http://ecocite.pixnet.net
發　　　行　英屬蓋曼群島商家庭傳媒股份有限公司城邦分公司
　　　　　　台北市中山區民生東路二段141號11樓
　　　　　　客服務專線：02-25007718；25007719
　　　　　　24小時傳真專線：02-25001990；25001991
　　　　　　服務時間：週一至週五上午09:30-12:00；下午13:30-17:00
　　　　　　劃撥帳號：19863813；戶名：書虫股份有限公司
　　　　　　讀者服務信箱：service@readingclub.com.tw
香港發行所　城邦（香港）出版集團有限公司
　　　　　　香港灣仔駱克道193號東超商業中心1樓
　　　　　　電話：852-25086231　傳真：852-25789337
　　　　　　E-mail：hkcite@biznetvigator.com
馬新發行所　城邦（馬新）出版集團Cite(M) Sdn Bhd
　　　　　　41, Jalan Radin Anum, Bandar Baru Sri Petaling,
　　　　　　57000 Kuala Lumpur, Malaysia
　　　　　　電話：603-90578822　傳真：603-90576622
　　　　　　E-mail：cite@cite.com.my
印　　　刷　一展彩色製版有限公司
初 版 一 刷　2013年9月12日
二 版 一 刷　2021年3月2日

城邦讀書花園
www.cite.com.tw

ISBN：978-986-06116-2-5　　　　　　　　　版權所有‧翻印必究

定價：360元　　　　　　　　　　　　　　　Printed in Taiwan

〈出版緣起〉
# 我們在商業性、全球化的世界中生活

經濟新潮社編輯部

　　跨入二十一世紀，放眼這個世界，不能不感到這是「全球化」及「商業力量無遠弗屆」的時代。隨著資訊科技的進步、網路的普及，我們可以輕鬆地和認識或不認識的朋友交流；同時，企業巨人在我們日常生活中所扮演的角色，也是日益重要，甚至不可或缺。

　　在這樣的背景下，我們可以說，無論是企業或個人，都面臨了巨大的挑戰與無限的機會。

　　本著「以人為本位，在商業性、全球化的世界中生活」為宗旨，我們成立了「經濟新潮社」，以探索未來的經營管理、經濟趨勢、投資理財為目標，使讀者能更快掌握時代的脈動，抓住最新的趨勢，並在全球化的世界裏，過更人性的生活。

之所以選擇「經營管理—經濟趨勢—投資理財」為主要目標，其實包含了我們的關注：「經營管理」是企業體（或非營利組織）的成長與永續之道；「投資理財」是個人的安身之道；而「經濟趨勢」則是會影響這兩者的變數。綜合來看，可以涵蓋我們所關注的「個人生活」和「組織生活」這兩個面向。

　　這也可以說明我們命名為「經濟新潮」的緣由——因為經濟狀況變化萬千，最終還是群眾心理的反映，離不開「人」的因素；這也是我們「以人為本位」的初衷。

　　手機廣告裏有一句名言：「科技始終來自人性。」我們倒期待「商業始終來自人性」，並努力在往後的編輯與出版的過程中實踐。

# 目次

**【推薦序】**

財務數字，也可以是輕快的歌曲／劉奕成 ........................ 9

前言 .................................................................... 15

**第一章**

貴公司的財務健全度：

財務報表可以提供的資訊 .................................... 25

　三大基本財務報表　29

　　資產負債表／損益表／現金流量表／收益vs.現金流

　三大財報彼此之間的關係　50

**第二章**

對報表的衝擊：

行為與事件如何、何時會影響數字 ............................ 55

　　**交易與事件如何影響財務報表** 59

　　期末調整分錄／心中有稅負

　　**編纂財務報表** 76


**第三章**

善用損益表：

營收、費用與利潤 ................................................ 83

　　**詳細解析個別數據** 88

　　**基準指標** 90

　　**評估績效：從營收開始** 92

　　營收的會計議題與衡量議題／分析賒銷以判定真正的

　　營收／交付產品或服務：銷售組合（bundling）如何影

　　響營收

　　**費用與獲利能力** 102

　　為何分析比率這麼重要？／費用的會計議題與衡量議

　　題／非重複性項目

**第四章**

如何運用資產與融資資產：

資產報酬率、股東權益報酬率與舉債槓桿............. 117

　　營運績效與資產報酬率　121

　　資產報酬率的基準指標：加權平均資本成本／改善資
　　產報酬率／特定資產的周轉率／資產的會計議題與衡
　　量議題

　　資本結構與股東權益報酬率　137

　　股東權益報酬率的基準指標：權益股本成本／比較資
　　產報酬率與股東權益報酬率／要舉債多少？／債務的
　　會計議題與衡量議題


**第五章**

善用成本資訊：

瞭解你的成本如何變動 ...................................... 155

　　成本─數量─利潤分析　159

　　特殊訂單與客戶類別　167

　　資源限制　170

　　分攤成本　172

　　為何沉沒成本不相干（或者應該不相干）　176

**第六章**

評估投資機會：

折現現金流分析......................................................179

適用於計算策略性決策創造經濟價值的架構　183

將現值技巧應用到投資決策上　189

通貨膨脹／稅負

更高層次的策略性決策　203

專案營收／預測未來費用／營運資本／專案與其他專
案之間的交互作用／選擇折現率的問題／樂觀、偏見
與敏感度分析

結語....................................................................219

致謝....................................................................225

**附錄**／現金流量表補充說明：間接法.....................227

譯名對照表............................................................233

## 推薦序

# 財務數字，也可以是輕快的歌曲

文／劉奕成

　　1988年初夏，你和我同樣感受到台灣起飛的躁動，「我的未來不是夢」的高亢歌聲，夾雜著「要拚才會贏」的在地情懷，煞那間淹沒了全台灣。那時恰恰如作文範本所說的「鳳凰花開，驪歌初動」，你和我跟許多同屆的高中畢業生一樣躊躇滿志，無由來的憧憬彷彿無須想像就自然漾開的玫瑰色新鮮人生活。

　　所以當眾人眼中文藝青年的你，居然也選擇了管理科系就讀，再度同校且同學院的我，忍不住為你捏了把冷汗。畢竟對許多商管學院的學生來說，大一新鮮人的日子中，最苦惱的莫過於一門彷彿天外飛來一筆的必修課「會計」。對於沒有商業實務經驗的新鮮人來說，實在不明白這些數字的規則與意義。在十月大風起兮塵飛揚的秋日，我每個星期總有一天向晚隔著窗戶看到你在教室內跟會計習題奮戰。果不其

然，當其他人都得以擺脫夢魘的第二年第三年，我還是看得到你在秋風中跟會計糾纏的身影，真是秋風秋雨愁煞人。

秋風一掃，就是二十年的落葉，當年青澀的大學生，已經成為上海一家廣告公司的負責人，我們還是依然拿連讀三年會計的往事調侃他。他也笑笑承認，對於部屬遞交上來的報表，他還是有許多不了解的地方，但是為了顏面，他不能隨便承認，只能假裝他懂。事實上他多少也懂一些，但是，並不夠深入。

於是野人獻曝把這本 *Financial Literacy to Managers: Finance and Accounting for Better Decision-Making* 的原文電子版介紹給他之後，他靦腆地笑說：「除了會計之外，外文也是我的罩門」。當我知道這本書即將要出版中文版時，第一時間便很開心地跑去找他分享。

他開心地翻了翻書，我看他常常有會心一笑的神情，突然他遞過書來，指著書中的一句話開懷地與我分享：

「會計是一種語言，難怪我覺得這麼難」。

我深表同意，雖然會計充斥著一堆數字，但是其實會計更像是一種外國語，解釋說明我們不了解的世界。

然後，問題又跟著來了，我要如何為讀者介紹一本語言教科書？

　　還好，我仔細看看，又再三想想，這本書不是語言的教科書，而是會計這個語言的「故事書」，而且我所看過關於會計相關的書中，這本書是輕快動人的Rock & Roll（搖滾樂），不是一股腦宣洩轟炸的heavy metal（重金屬樂），也不是有時曲高和寡的陽春白雪。

　　故事約莫是這樣的：為什麼會計要三張表？三張表之間的關係是什麼？還有，為什麼現金流量表如此重要？只記得我們很久前都聽過，賺錢的公司也可能倒閉（黑字倒閉），不少年年虧損的公司卻始終活得好好的，為什麼呢？

　　原來，現金流量表中說，讓企業活得下去的現金有三種來源：從經營活動中賺來的、投資賺來的、找人投資或借來的。事業本身賺錢，還是可能因為投資失利、有人虧空或幾年前借的錢要還了，而撐不下去。事業本身不怎麼賺錢，但只要投資得當，或是有傻子願意繼續投資、借錢或捐獻，還是可以屹立不搖。

　　這個道理在一般人身上也適用。很多人如果靠著上班的薪水，早已入不敷出了，怎麼還可以撐得下去？

　　答案是——這時候不只要看「損益表」或「資產負債表」，而要看「現金流量表」，許多台灣人是「income statement poor」（表面上賺不了什麼錢），卻是「balance sheet rich」（家中缽滿盆滿），也就是薪水收入（營業活動）沒有多少，往往入不敷出，然而或是投資有方，不管是靠千線萬線或電話線，投資賺了不少錢（投資活動），或是擅長甜言蜜語拐騙，爸媽不斷致贈盤纏，甚至膽大心粗，不斷向銀行預借現金寅吃卯糧（融資活動），都可以活得下去，會計真的是一種語言，可以解釋經濟活動的許多樣貌。

會計學跟經濟學都是解釋經濟活動的語言，然而我們在學習會計及經濟的漫漫坎坷路途上，則向來是用另一種詰屈聱牙的方式（語言）再去解釋這種語言，難怪事倍功半。上過經濟學最基礎課程的人，就會學到經濟學上的生產四要素——勞動、土地、資本和企業家精神。但是，如果你問任何一個念完經濟學已經四五年沒被當的學生，還是回答得七零八落。不過，如果從一開始我們就是以投顧老師的語言來記得這件事，他會說：

「偷搶拐騙不算，合法的賺錢方式有以下四種：用自己（的勞力）賺錢、靠土地賺錢、用錢滾錢，還有靠別人替自己賺錢。」這位投顧老師用淺白的說法，讓大眾輕易入門、永誌不忘，更建立自己的江湖地位——這本書的作者，就有這樣的本事。

這本書的作者，不只有深入淺出的功力，他在會計專業

上的專業地位，更讓他深諳如何在簡短的篇幅中，精簡地介紹最重要的觀念，他不僅是知名的華頓商學院米勒施瑞德講座教授，更拿過數不清的教學獎項。他懂得用簡單的語言，不著痕跡地娓娓道來會計這門語言的故事。能做到這樣，真是功德無量了。

如果你我都懊悔當年沒有好好學好會計，站在辦公大樓的玻璃帷幕牆前沉思，卻思索不出玻璃上迴映出我們手中那疊資料上林林總總數字的真義，可以試試這本書，輕薄短小，在你我手中不過盈盈一握，卻如掌中乾坤蘊藏萬般天機。

（本文作者曾任悠遊卡公司董事長、英商巴克萊銀行台北分行董事總經理，現任將來銀行NEXT BANK總經理）

# 前言

先來說個企業的實際案例。

羅傑・恩瑞可（Roger Enrico）以執行長之姿接下百事可樂（PepsiCo），在一九九六年公司年報中寫給股東的第一封信裏，他報告了好壞參半的消息。從一方面來說，百事可樂整體的營業額達320億美元，創下歷史新高，現金流也同樣創紀錄。但是，另一方面，利潤未見成長，而且並非所有部門都亮眼。

實際上，身為公司核心事業的飲料部門在美國以外表現很糟，市占率落入勁敵可口可樂（Coca-Cola）手中。過去五年，百事可樂在餐廳部門（必勝客〔Pizza Hut〕、肯德基〔KFC〕以及塔可鐘〔Taco Bell〕）投入幾十億美元，但這些事業創造出來的報酬卻讓人極為失望。

針對財務表現進行詳細的分析之後，百事可樂開始改弦易轍修正企業策略。他們將餐廳部門分出去，獨立成新公司泰康全球餐飲公司（Tricon Global Restaurants）、也就是現

在的百勝餐飲集團（Yum! Brands），如此一來，公司就可以把全部心力放在點心與飲料部門。但是，改革的腳步並未就此停止；評估及修正策略，是一套永遠都在進行中的流程。之後不久，他們收購了純品康納（Tropicana），以及擁有開特力（Gatorade）運動飲料的桂格燕麥（Quaker Oats）。

百事可樂繼續調整事業部與產品線，在二〇一〇年時，他們又重新買下兩家最大瓶裝工廠的控制權。透過一系列的策略性改造，百事可樂的營收扶搖直上，二〇一〇年時達到近600億美元。在一九九七年到二〇一〇年這段時間，公司的營收與股價也大幅超越標準普爾五百（S&P 500）指數中的各家企業。

這些都是大規模的公司整體變革，但同樣的原則也可以適用在組織當中的所有層級。經理人必須不斷地評估公司的策略，以判斷自己訂出的決策表現如何、當條件改變時要如何修正策略，並要設計出新策略，以強化未來績效。我們應該在哪些活動上投注更多的資源，哪些又應該縮減？哪些資源並未有效活用？我們應該把某項活動外包出去，還是繼續由企業親力親為？這些商業決策必須以資訊為憑據，而財務報表則是主要的資訊來源。

但很多經理人並不具備會計和財務的背景，因此沒有回

答這些問題必備的工具。他們看不懂手上拿到的有助於決策的報表。他們若非完全忽略這項資訊，就是錯誤解讀數字的意義，要不然就是根本不知數字裏面少了什麼東西。對一家公司的財務健全度來說，這些行為非常危險，就好像在沒有儀器設備輔助之下開飛機一樣，而且擋風玻璃還起霧了。

本書的目標，不是要教會讀者編纂詳細的財務報表；把這些工作留給會計財務部的員工、會計師和財務長就好，他們熟知一切的法令規範。相反的，我的目的是要教會你如何善用並解讀他們提供的數據。

不論你是經驗豐富的經理人、高階主管或領導者，不論你領導的是上市公司還是私有股權企業，不論企業規模大小，精通財務報表能幫助你做出更好的決策，讓你成為公司更寶貴的資產。

雖然會計報表裏都是數字，但從許多方面來說，會計其實算是一種語言。會計規則是一種機制，規範企業交易與經濟活動如何轉換成數字。和這些數字一併出現的文字，又有什麼意義？就像每一個領域一樣，會計財務也有特有的術語，若要能理解財會並與之溝通，很重要的是先學習這些詞彙或語言。收入和現金不同，折舊指的並不是該資產的經濟價值如何減少，負債有可能是好事，太多現金可能是壞事。

AAP、NPV、ROA、EBITDA、WACC、槓桿等，這些詞彙到底是什麼意思？

很多人在發現財務報表當中居然會有很模稜兩可與很主觀之處時，都非常驚訝。就像主修英文的人會辯證如何詮釋《哈姆雷特》（Hamlet），對於哪種方法最適合用來衡量企業的績效與財務狀況，財會經理和會計師的意見也會出現紛歧。

之所以出現這樣的主觀性，是因為在整合會計報表的同時，還有很多活動仍處於現在進行式中。我們當然可以等到企業關門大吉時再來算總帳，結清所有盈虧，藉此消弭所有曖昧不明的問題，但這樣的資訊來得太遲，無益於當企業仍在營運的當下就必須做的決策。

為能提供更即時且有用的資訊，會計報表不僅回顧過去、告訴你之前發生了什麼事，基本上，資產負債表或損益表上得出的每一個數字，有一部分還會根據未來將會發生什麼事的估計而來。但麻煩的是，我們無法確實知悉未來的現金流以及事件，因此，這裏也就出現了一道漏洞，讓不擇手段的管理階層得以操弄。即便經理人心存善意，但他們也常常會對公司未來的展望過度樂觀。為了因應這些潛在問題，財會法規設下了限制，規定可以透過財務報表傳達的是哪些

和未來有關的資訊。設立稽核人員、以及其他檢核和權衡行動，就是為了不讓管理階層肆無忌憚地不當表述企業績效；但這些關鍵機制也無法完全發揮功能，因為他們也不是水晶球，無法看透未來。在本書中，你將會瞭解上述的主觀性與判斷如何影響財報中的數字，和哪些未來面向可以納入財報、哪些不可。這可幫助你學會讀懂財務報表字裏行間的玄機，知道何時該存疑。

　　一旦你更懂財務會計，你也會開始懂得，自家公司提供給外部利害關係人（比方說股東或稅務單位）的數據，並非你想用來經營企業的數據，而且，這其中的緣由和欺騙或錯誤表達無關。最起碼，你會想要更瞭解公司內各個部門的詳細績效，不會只滿足於年報以及納稅申報書資料能提供的整合性資訊。此外，你也需要能助你做預測的數據，讓你知道如果你做出不同的決策，成本與營收將會如何變化。外界制定的財務報告系統通常僅以大類別區分（比方說，把生產成本和行銷成本分開），但是你會想要每一個大類別中的各細分資訊，幫助你瞭解你的成本如何變化：哪些成本是固定的，哪些又是變動的，哪些成本是已經套牢或投入的，以及哪些成本是直接的、哪些又是分攤的。

　　最後，企業在編纂提供給股東或債權人的報告時，使用

的是由決定財會報表標準的機構❶所制定的規則。有鑑於企業必須按照規定編纂財務數字以滿足外部的規範要求，許多企業也會選擇便宜行事，拿這些數字供自家公司內部決策之用（因為這樣比較便宜，無須自行用其他報表編製系統再做一遍以重新得出新數據）。請注意：會計規則在設計上通常是為了達成簡單、保守原則或其他目的，而不是讓你能盡量準確地衡量公司的績效以及財務狀況。我會探討其中一些問題，以及這些數字如何扭曲你的績效指標。

經理人要學會財會技能，另一項重要的理由，是要設法讓自己在企業策略討論中成為更有價值的參與者，並且能更有效地捍衛自身的想法。終究，要判定決策的好壞，一個很重要的基準就是它們在「數字上」的表現如何。

很多投資計畫書都牽涉到現在要把錢花出去、（希望）未來能夠創造收益。因此，投資決策的基礎都在於我們如何預測未來，以及這些預測在未來會如何以現金流和利潤的形式表現出來。

重要的是，要瞭解財會技能可以做到哪些事、又做不到哪些事。

財會技能無法告訴你，研發提案中的投資能否生產出讓美國聯邦食品藥物管理局（FDA）核可的藥品；財會無法告

訴你，消費者喜不喜歡你一心一意要引進的新產品（比方說，新可樂〔New Cola〕）；財會也無法告訴你，成敗繫於融合二種不同企業文化（比方說，美國線上〔AOL〕和時代華納〔Time Warner〕）的收購案，究竟能不能順利圓滿。當經理人試著做出這些判斷時，經驗和直覺是最寶貴的技能。

財會技能可以告訴你的是，成功的機率必須要到多大，以及如果真的可以成功的話，利潤必須要到多大，才值得投入投資的成本。

更廣泛來說，財會提供的是經濟架構，讓你透過投資為公司帶來多少附加價值的這個角度，來比較不同的投資策略。財會可以幫你評估可接受的投資報酬率是多少，可以告訴你這個報酬率與策略的風險之間相關性多高，可以讓你知道，相較於更快就能賺取報酬的投資計畫，另一項許多年後才會回收的策略若要有同樣的價值，要多賺多少錢。

此外，藉由迫使你將對未來事件的預估納入損益表、資產負債表與現金流量表等，財會這套框架也將紀律納入過程當中。經理人的推估通常會受到自尊或期望的影響，而非現實。財會技巧讓你有機會評估支撐預測的假定（assumptions）是否合理，以及預估結果隨著假設條件變動而改變的敏感度有多高。

當你敦促自己運用財會技巧編寫出在公司內部能達成一致的預估損益表、資產負債表和現金流量表的同時，這些技巧也降低了你完全忽略重要因素的風險。

在本書中，我會說明以下各項：

- 資產負債表（balance sheet）、損益表（income statement）以及現金流量表（cash flow statement）的角色。
- 財務報表（financial statements）彼此之間的關係。
- 介紹財務報告（financial reporting）的概念，例如如何認列營收（revenue）、決定存貨成本（inventory costing）、折舊（depreciation）以及稅負（taxes）。
- 如何剖析損益表與資產負債表，以瞭解驅動獲利能力（profitability）的因素。
- 資本結構（capital structure，亦即你用來融資資產的負債〔debt〕與股權〔equity〕組合）如何影響利潤（profit）與風險（risk）。
- 如何辨識與估計決策的相關成本。
- 如何評價投資決策與進行折現現金流分析（cash flow analysis）。
- 如何整合這一切進而建構一貫的企業策略。

財務影響企業的每一個面向，一旦高階主管與經理人懂了財務報表的基本原理，並掌握財務分析的工具，就會知道是哪些力量帶動營收，可準確找出企業在哪些方面表現良好，並且分析為什麼績效不如預期。更能掌握財務狀況可讓經理人知道要問什麼問題，要把焦點放在什麼地方，判定究竟什麼是最重要的事，並且能知道要避開什麼、注意什麼。也能了解帶動績效的因素，將會讓領導者如虎添翼，做出更好的策略性決定，在企業裏推動改革，並能更精準地衡量要收購或出售哪些事業。管理經驗與財會技能相結合而生出的綜效，可以為你個人及企業創造出最大價值。因此，花費心力強化自身的財務知識，讓你能以更精準的眼光、更明智的判斷做出更適合的商業決策！

---

❶ 在美國，公開上市公司必須應用一般公認會計原則（GAAP，Generally Accepted Accounting Principles）中的規定，每季編製季報送交證券與交易管理委員會（SEC，Securities and Exchange Commission）。這些規定則由一家私人機構——財務會計標準委員會（FASB，Financial Accounting Standards Board）制定。以國際上來說，許多企業使用國際財務報告準則（IFRS，International Financial Reporting Standards），這些是總部設在倫敦的國際會計

標準委員會（IASB，International Accounting Standards Board）制定的準則。某些國家（和美國類似）則有自己的標準。此外，所有企業（包括公開上市和私有股權）都必須繳交納稅申報書，當企業在編寫納稅申報書中的財務資訊時，必須採用稅法中規定的規則。

第一章

# 貴公司的財務健全度：
# 財務報表可以提供的資訊

**本章重點**

- 三大基本財務報表
- 三大財務報表彼此之間的關係

當二〇〇〇年香脆奶油甜甜圈公司（Krispy Kreme）公開上市時，不管是這家公司灑滿糖霜的甜甜圈或是股價，都讓人難以抗拒。美國素以嗜吃甜食聞名，投資人發現，消費者會不停地去買這些甜食，就像他們不停狂吃大麥克（Big Mac）漢堡一樣。

到了二〇〇三年夏天，公司的股價已經飆升至 50 美元，比當初公開發行時漲了兩倍有餘。到了二〇〇三年底前，包括海外的分店在內，香脆奶油甜甜圈已經開了 357 家店，公司的營收從二〇〇〇年的 3 億美元成長到二〇〇三年的 6.49 億美元。

但是，到了二〇〇四年夏天，開始颳起一股低碳水化合物飲食風，這使得甜甜圈列入忌口的黑名單上。美國人的口味變了，這家公司的甜甜圈和股價也開始變得沒勁兒了。

香脆奶油甜甜圈之所以能夠積極擴展，部分的資金是來自於公司大量舉債，長期負債從二〇〇〇年底一般水準的 350 萬美元，增至二〇〇二年的 5,600 萬美元，到了二〇〇三年更高達 1.37 億美元。因此，利息成本大幅增加。隨著營收開始下滑，利潤更是嚴重下跌。到了二〇〇五年，股價滑落到 6 美元，公司也開始收店。二〇一〇年的營收僅有 3.62 億美元，相較之下，公司在二〇〇三年最風光時，一年營收

可達6.49億美元。還好，他們的股價在二〇一一年時已經稍有反彈。

要瞭解香脆奶油甜甜圈公司成長時的契機與危機，必須仔細研讀（而且要讀懂）這家公司的損益表、現金流量表以及資產負債表。在本章中，我們要討論上述每一種財務報表的重要性，另外也涵蓋以下各主題：

■ 資產負債表（balance sheet）：這張財報是在某一特定時點公司資源（資產）的概要說明，並提供和公司資本架構與風險相關的資訊。

■ 損益表（income statement）：這張財報衡量一家公司的營收、費用與獲利能力。

■ 現金流量表（cash flow statement）：這張財報提供的資訊則和公司的流動性、現金的來源以及使用情況有關；現金是一家公司的命脈。

■ 損益表和現金流量表有何差異。

# 三大基本財務報表

　　所謂三大財務報表，也就是資產負債表、損益表和現金流量表，能為經理人、投資人、債權人和其他財報使用者提供適時的資訊，是非常重要的工具。每一種報表提供不同類型的資訊。每一種報表本身就很有用，但是，以評估一家企業的優勢與弱點來說，一定要瞭解這三者之間的關連性。彙整三者之間的關係，可以得出更完整的企業財務現況，並且得以讓人窺見企業的未來發展性。在本章中，我們將會說明每一種財務報表有哪些作用，以及它們如何彼此產生關連。第二章中則有一套完整的財務報表案例。

　　這三種報表有哪些差異？

　　資產負債表列出的是一家企業取得並仍保有的資源（資產），以及可對這些資產主張的權利性質（是負債還是業主權益）。資產負債表就好比是概要說明，代表了企業在特定時點上（比方說，每季或每年終了時）的財務狀況。

　　損益表則是顯示企業在這段期間（每月、每季或每年）的獲利能力。現金流量表提供的，則是這段期間內現金流入與流出的相關資訊。因此，後面二種財務報表傳達的是輔助資訊，告訴讀者自從上一期的期末以來，這家公司的財務狀

態有何變化，以及為何如此。然而，獲利能力（即創造出來的價值）與流動性（創造出來的現金）並不是同一件事，也因此，我們才會需要用到二種不同的報表交叉對照。

## 資產負債表

「資產負債表（balance sheet）」，從這個詞的英文名稱當中可以看出這裏描述的是一種平衡（balance）關係，在這張財務報表中以下的等式必須永遠成立：

**資產＝負債＋業主權益**

這條等式簡單說明了企業資產或資源的權利必須歸屬於某個人。如果某項資產不屬於其他人（債權持有人或債權人），那就是業主的。我們可以用個人的財務當作簡單的範例加以說明：如果你有一棟房子價值50萬美元，但你未繳清的貸款餘額還有30萬美元，那麼，你對這棟房子擁有的業主權益就是其中的差額，即20萬美元。概念雖然看來簡單，但我們會看到，這個關係具有重要意涵，有助於理解如何解讀財務報表，以及理解資產負債表與損益表之間的關係。資產負債表一定要一毛不差達成平衡；一般人會有一種

錯覺，認為會計是完全正確無誤的，這條等式正是構成這個印象的其中一個因素。但，資產負債表達成平衡，並不代表其中就沒有錯誤，也不代表每一項內容都以正確的價值估價。比方說，我們可能錯估你的房屋價值，高估為70萬美元，同樣地，我們就把業主權益錯估為40萬美元了。報表的最終結果還是會達成平衡，然而如此一來，相對於現實，我們呈現的卻是遭到扭曲的財務狀況。

## 資產

　　公司的資產負債表從資產（asset）開始。資產是維繫企業生存的關鍵。資產代表的是一家公司的可用資源，用以創造利潤或在未來提供經濟利益，比方說，償債能力。資產包括以下各類資源：

■　金融資產（financial asset）：現金、票據和應收帳款、可在市場中交易的證券、衍生性金融工具。

■　實體資產（physical asset）：存貨、工廠和設備、房地產。

■　無形資產（intangible asset）：專利權和著作權、其他契約上的權利、商譽。

資產負債表上的各種資產可群組起來，變成二類：流動資產（current asset）與非流動資產（noncurrent asset）。流動資產指的是預期一年內可以創造出收益的資產，例如：現金、應收帳款、存貨，以及多種隨時可變現的證券。非流動資產則是預期要超過一年以上才能創造收益的資產，包括廠房設備、長期投資以及多數的無形資產。

## 估計資產價值

所有的資產、負債以及業主權益科目，都以金額表達。我們要如何評估這些資產的價值？傳統上，會計師處理多數資產時都會使用歷史成本。歷史成本指的是在取得資產時所付出的金額。歷史成本會計原則的好處是，這些數字很客觀，而且是用可靠的方法衡量出來的。遺憾的是，長期下來，歷史成本可能會變得很不合時宜，也會變得無關緊要。

為了因應這個問題，發展出另一種替資產估價的基礎，名為公平價值（fair value）估價法。如果你聽過用「按市值計價」（mark to market），這就是公平價值嘗試要做到的：估計資產的目前市值。可惜的是，這通常不容易做到精準，因此，就會有人質疑這些估出來的價值可不可靠。公平價值會計原則的好處是，估出來的價值時間上比較接近，因此，

基本上，和決策的相關性更高。關於哪一種估價法比較好，「相關性 vs.可靠性」（relevance versus reliability）的辯證已經進行了幾十年，未來也將持續下去。如果資產是新近才取得的，其歷史成本與市值通常是同一回事，只有在買入資產之後，二種價值才會逐漸產生分歧。

　　以金融資產來說，通常比較容易取得可靠的估價金額，因為很多金融資產都有交易活絡的市場（例如股票市場或債券市場）❷，也因此，出現在資產負債表上的金融資產（以及越來越多的金融債務），都是以公平價值估價。但，以許多實體資產（尤其是廠房和設備）與無形資產來說，這些資產獨一無二，可供其交易的市場並不活躍，市場價值並不可靠，不適合拿來使用。會計師通常在這時就會使用歷史成本（有時候會稍微向下調整，以反映折舊）。

　　若會計師提出不準確的估值，會導致財報使用者在盤算如何利用該資產時做出不當決策。高估與低估當然都會造成嚴重後果，但會計界（以及法律界）長期以來的看法是，高估的問題比較嚴重。也就是說，假如我們告訴你資產價值 $100、但實際上它只值 $80，這會比我們告訴你資產值 $80、但實際上它可以創造出 $100 價值的後果更嚴重。因為「驚愕」比「驚喜」會造成更嚴重的問題，因此財務報表深受所

謂的保守主義（conservatism）政策影響。特別是，財務報表上許多非金融性資產在估價時並未規定一定要使用歷史成本，也不一定是目前的市價，而是取兩者中價值較低者。「成本與市價孰低法」（lower of cost or market）認列的是資產價值的減損（即所謂的減值〔impairment〕），而不是資產價值的增加。

要讓會計師認列為資產，該資產的價值必須可衡量到某種合理的精準程度。基於這項要求，許多從經濟觀點來看很重要、但一般認為很難估價的資產，通常被排除在外。品牌名稱就是一個基本案例。舉例來說，可口可樂是眾人眼中全球最有價值的品牌之一，而且顯然是可口可樂公司握有最珍貴的資產之一，但是這項資產並未出現在該公司的資產負債表上❸。對於剛開始閱讀財報的新手來說，讓人更加困惑的是，如果品牌是透過收購企業而來，同樣的品牌此時卻可以認列價值。若為收購，則有客觀、確定的交易可供參考，可據以為評定品牌價值的方法。由企業內部發展出來的品牌以及其他類型的無形資產，因為少了這類客觀的估價，因此不可以出現在資產負債表上❹。

基於上述所有理由，當我們在檢視資產負債表上的資產價值時，就必須小心謹慎。舉例來說，當我們將所有資產價

值加總起來以計算總值時，當然可以把銀行裏的所有現金、二十年前買房子支付的房價，以及手上持有可在市場交易證券的目前市值加在一起，但是，這個總額有沒有經濟上的意義，那就不清楚了。這個總額絕對不是企業資產的總現值。如果你試著使用這樣的資產價值數據，拿來計算如資產報酬率等績效指標，那你就要瞭解，會計估價問題會扭曲你算出來的指標。瞭解財務報表上包括什麼、排除什麼，並且知道這些東西如何估價，是極為重要的技能，惟有具備這些技能才能有效分析財報。

## 負債

　　負債（liabilities）是義務，是公司基於過去的交易或事件，以致於未來必須移轉資產或為其他實體（entity，包括自然人、法人）提供服務。這些是債權人對公司資產的主張權利。負債包括以下的義務類型：

- 移轉資產的義務：應付票據與應付帳款、應付稅金、應付債券。
- 提供服務的義務：預收租金和權利金、保固義務、累積里程。

就像資產一樣，如果負債在一年內到期，就歸類成流動負債，如果到期日從目前算起還有一年以上，就算非流動負債。評估短期負債的價值很單純，就是到期日要支付的金額，或是提供服務預估所需的成本。然而，如果債務到期的期限太長（超過一年），就要用到時候要支付的現金金額之現值來估算。我們會在第六章中討論如何計算現值。

某些負債很容易估價，因為這類負債具體載明應支付的金額及到期日期，比方說應付帳款。其他的負債則需要較多的判斷，才能判定要履行這些債務需要付出多少成本，比方說保固責任。要評估退休金責任以及退休後醫療保險福利的價值，尤其是重大挑戰，因為此時必須根據不確定性極高的事件來預估，比方說員工流動率和死亡率，也必須考量未來的利率、薪資漲幅及（或）醫療保健成本膨脹的趨勢。一如資產，企業也有大量未出現在資產負債表上的負債。事實上，很多企業花掉大量的資源去從事所謂的「資產負債表外融資（off-balance-sheet financing）」活動。這樣做的目的，是要美化資產負債表，讓公司的財務看起來更健全，優於實際情況。

## 業主權益

業主權益（owners' equity），是一家實體機構的資產扣除負

債後剩下來的利益。有時候，這也稱為「淨資產（net asset）」或是公司「淨值（net worth）」。業主權益來自以下各項：

■　實收資本（contributed capital）：公司從出售股份當中獲得的金額。這有時候也稱為普通股（common stock）或資本公積（additional paid in capital）。

■　保留盈餘（retained earning）：從公司的利潤當中（屬於業主的那一部分利潤）撥出、再投資於公司。

要評估實收資本科目的價值，是以股票發行或再買回當時的市值計算。估計本期保留盈餘時，則是用期初保留盈餘的餘額加上當期淨利，再減去本期間內支付出去的股利。請注意，企業資產負債表上的業主權益，和該公司股份的市值並非同一件事。之前提過資產負債表上的資產不包含某些項目，或是某些資產並非以市值估價，同樣的道理也適用於列在資產負債表上的負債，因此，我們可理所當然得出上述結論。這也就是說，資產和負債之間的差額，並不等於業主權益的市值。

## 我們要從資產負債表中尋找什麼？

在檢視資產負債表時，我們是要設法盡可能嚴謹評估公

司擁有的資源。這些資源足以支應公司預期要達成的營運規模嗎？若否，那麼這家公司就需要大舉從事新投資。公司有沒有錢投資？若無，他們要如何取得資金？另一種極端情況則是，公司擁有的資產是否已經遠遠超越他們需用的程度？他們應該要縮減資產規模，還是另覓他途以更有效率的方式運用？

　　看看資產的成分內容、而不只光看總額，也很有用。要這麼做，最好的方法是編製「共同比資產負債表」（common-size balance sheet）。編製這種特殊財報時，我們會把資產負債表中的每一項除以總資產。這樣一來，我們就可以知道現金、應收帳款等等在總資產中所占比例。用不同尺度重新計算出來的資產，總值為一（或百分之百）。如果應收帳款比例異常地高，這是否是一個警訊，代表我們很難向客戶收到錢？若存貨太高，是否為我們很難出售商品的警訊？或者，這代表的是我們正在預作準備，要衝刺未來的銷售成長？如果我們大量收購其他企業，商譽的占比可能很高❺。我們真的預期未來能從這項商譽資產中獲益，或者，這只是反映了我們為了收購其他公司付出過高的代價？

　　在共同比資產負債表上，表的另一邊總數加起來也是一（因為**資產＝負債＋業主權益**），這給了我們一個容易解讀

的指標，讓我們知道資產是透過何種方式融資的。由股權提供資金的資產比例有多高，由負債提供資金的資產比例又有多高？就像我們在第四章中將會看到的，這是一個代表企業風險的重要指標。我們也可以看到短期負債與長期負債各自的占比。當我們要提出償付債務的現金管理策略時，這是很有用的資訊。我們的流動資產是否足以償付流動負債（要達到一定的安全門檻）？如果不行，我們就需要訂下權變計畫，萬一現金不足時才能應變。

　　舉例來說，**表1.1**說明香脆奶油甜甜圈的資產在首次公開發行（IPO，initial public offering）後幾年資產成長的狀況，以及資產融資組合的演變。

【表1.1】
**香脆奶油甜甜圈公司之資產、負債與業主權益在首次公開發行之後的變化**
（單位為千美元）

| | 2000年 | 2001年 | 2002年 | 2003年 | 2004年 | … | 2010年 |
|---|---|---|---|---|---|---|---|
| 長期負債 | $3,505 | $4,643 | $55,564 | $137,114 | $90,950 | … | $32,874 |
| 總負債 | $52,663 | $76,131 | $148,180 | $220,194 | $239,335 | … | $93,498 |
| 總業主權益 | $122,387 | $182,210 | $265,439 | $436,409 | $240,943 | … | $76,428 |
| 總資產 | $175,050 | $258,341 | $413,619 | $656,603 | $480,278 | … | $169,926 |

正如我們所見，在二〇〇〇年到二〇〇三年這段期間
內，香脆奶油甜甜圈的資產大量增加，和該公司以店面數目
計算的快速成長趨勢一致。長期負債在總融資組合中所占的
比例也逐漸增高，到二〇〇三年達到高峰，占總資產的
21%。我們看到，從二〇〇四年開始，隨著香脆奶油甜甜圈
公司在許多地方結束營業，資產也開始減少。在最後一欄，
我們看到現在的香脆奶油甜甜圈是一家規模大幅縮小的公
司，遠遠不及二〇〇〇年代初輝煌時期。他們的資產有很大
一部分仍透過負債與長期債務融資。

## 損益表

損益表（Income Statement），有時也稱為盈餘表
（statement of earnings），通常是人們最關心的財務報表，因
為這張表衡量的是業主最直接關心的事情：獲利。這張表格
從營收（來自銷售財貨和服務的收入）開始列起，然後減去
費用（製造、提供這些財貨服務必須花費的支出）。

以香脆奶油甜甜圈公司為例，他們在公開上市之後的營
收和淨利數字如下：

【表1.2】
**香脆奶油甜甜圈公司首次公開發行之後營收與淨利之變化**
（單位為千美元）

|  | 2000年 | 2001年 | 2002年 | 2003年 | 2004年 | … | 2010年 |
|---|---|---|---|---|---|---|---|
| 營收 | $300,729 | $394,241 | $490,728 | $649,345 | $707,766 | … | $361,955 |
| 淨利 | $13,782 | $24,213 | $31,058 | $ 48,563 | ($198,339) | … | $7,599 |

　　在表1.2中，我們看到，從二〇〇〇年到二〇〇三年這段期間內，營收成長超過兩倍以上，淨利則幾乎成高達四倍。因為過去的快速展店，二〇〇四年營收仍持續成長，但是，這些店面的獲利能力已經停滯，香脆奶油甜甜圈也提報了損失，金額比他們自首次公開上市以來所賺得的利潤總額還高。看看最後一欄，數值變動和第一張表的資產金額數值變動趨勢一致，顯示香脆奶油甜甜圈公司的營收回到最初公開上市之後的水準，而在二〇一〇年，他們也提報了盈餘，這是自二〇〇三年以來的首次捷報。

　　在理想狀況下，損益表會顯示一家企業在本期內為股東創造的經濟價值如何增長。顯示經濟價值的變化，和提報同一段期間內的現金增減，是完全不同的兩件事。許多可以增進經濟價值的活動，卻無法讓同一期間內的現金隨之增加。

比方說，不管是現在付款或未來付款（但金額更高），同樣地銷售契約為公司創造出來的價值是相同的。事實上，如果要以不同的未來現金流組合出同樣地經濟價值，其排列組合的數字可以多到無窮無盡。會計上的利潤概念比較廣義，著重的是財務表現，而不是僅短視地聚焦在當期內能產生現金的活動。

同樣地，企業也會把現金投資於可在未來多個期間創造出效益的資源上，比方說存貨或設備。會計上的做法是把取得這些資源的成本分攤出去，涵蓋到該資源將能創造出利潤的期間。在會計上，有很多做法是在「重新安排」（rearrange）現金流；有些來自過去的現金流，有些則是未來預期會出現的現金流，但都會列入本期利潤內。

就跟資產負債表的狀況一樣，很重要的是，我們要知道損益表絕對無法完美地達成呈現損益這項任務。在計算盈利時會涉及很多的主觀性以及判斷，其中部分理由是因為我們無法精準地預測未來。未來期間內的所有事件不見得都能計入本期的損益當中（當這些事件具有高度不確定性時更是如此），還有，不同損益的要項可靠程度不一，也會對計算出來的損益數值造成重大影響。會計上有很多不同的做法都可以提高短期的利潤，但代價是要犧牲長期的收益。

　　雖然淨利數字放在損益表上的最後，是決定最終結果的「底線」（bottom line）（譯註：也有人以「底線」代稱損益）。然而，僅看淨利是非常危險的事，因為光看數字無法告訴你這家企業是如何賺到這些利潤。檢視損益表淨利欄上方的各行數值，我們可以爬梳許多資訊──營收的類型、費用的結構、是否存在非常態性的項目，凡此種種。分析師以及其他人員會花下大把的時間分析損益表，搞清楚上述這些事項，協助他們更有效地預測公司未來的獲利能力，也能更精準估算出公司的價值。這一點非常重要，因此我們會在第三章中用整章的篇幅來談如何分析損益表。

## 現金流量表

　　現金流量表（cash flow statement）和銀行給你的對帳單有些類似；銀行對帳單提供的資訊內容，是你的現金流入（存款）以及流出（你開給別人的支票被兌現）。一般來說，這是最客觀的財務報表。現金流量表之所以具備客觀性，是因為它只看影響到本期現金流量的交易和事件而已，其他一概不管。一樁交易與事件是否會影響到現金流，只有「是」或「不是」兩者之一，這當中少有爭辯的空間❻。在

前一節的討論當中,我們已經強調過利潤的重要性,然而,現金流(或是說流動性)也同樣極為重要。這也就是說,現金不足顯然不是一件好事!

現金流量表最有用的功能之一,是把現金流入與流出歸類在以下三類其中之一:

■ 營運活動(operating activity):向客戶收來的現金;支付給供應商、員工以及其他服務提供者(包括利息與稅負)的現金。

■ 投資活動(investing activity):為了取得長期的生產與財務資產而支付的現金;因為處分這些資產而收取的現金。

■ 融資活動(financing activity):從發行債券或股票證券當中收取的現金;買回債務或支付給股東以買回股權或分紅而付出的現金。

知道現金的來源以及如何運用現金為什麼如此重要嗎?你是透過營運活動還是出售廠房才創造出現金,對於未來獲利能力而言,兩者的意義天差地遠!若要能長期生存下去,企業必須持續投資未來。現金流量表的投資活動部分讓你瞭解公司做了多少投資,或是告訴你公司是否正在萎縮當中,

不斷出售長期資產。現金流量表也可提供投資類型的相關資訊：為了收購其他公司而付出的現金流會獨立顯示，有別於財產、廠房以及設備的投資之外。但請謹記，會出現在現金流量表上的投資，僅有現金投資部分而已。如果你藉由發行自家股票以收購其他公司，或是透過長期租賃的方式去使用資產，這些就不會出現在現金流量表上。若以高科技公司來說，他們最重要的投資類型很可能是研發，但是會計規則規定，研發使用的現金不可放在現金流量表的投資活動（反之，研發是費用，被歸類在營運活動的現金流）。同樣地，在某些產業，廣告可能被視為投資，但是，會計規則卻要求這個項目的現金流動要歸類在營運活動。

　　現金流量表也可以告訴你，公司投資的資金是從何處融資而來。以年輕的企業及採用高成長策略的公司來說，營運通常無法提供夠多的現金，不足以支應他們投資上的現金需求。事實上，以多數新創公司而言，他們來自營運活動的現金為負值，是很常見的事。這類公司必須利用外部融資資源來取得投資資金。現金流量表的融資活動部分，就會告訴你這家公司用的是哪一類融資資金：是短期負債、長期負債，還是發行新股。

　　歷史較悠久的企業通常可以從營運當中獲得正值的現

金，有辦法挪出一部分靈活運用，作為投資資金。我們可以
從香脆奶油甜甜圈公司的現金流量表中看到這一點。（雖然
這家公司首次公開發行是在二〇〇〇年，但他們之前已經營
運了好幾十年了。）

**【表1.3】**
**香脆奶油甜甜圈公司上市之後的現金流量表統計資料部分摘要**
（單位為千美元）

| | 2000年 | 2001年 | 2002年 | 2003年 | 2004年 … | 2010年 |
|---|---|---|---|---|---|---|
| 營運活動之現金 | $32,112 | $36,210 | $51,905 | $82,665 | $84,921 … | $20,508 |
| 投資活動之現金 | ($67,288) | ($52,263) | ($91,640) | ($169,949) | ($47,607) … | ($8,572) |
| 融資活動之現金 | $39,019 | $30,931 | $50,034 | $76,110 | ($34,214) … | ($10,181) |

正值代表現金流入，負值則代表現金流出。真正的現金
流量表中會有更詳細的資料，但我們從表1.3的摘要統計數
據當中也可以看出端倪，每一年，香脆奶油甜甜圈都能從營
運當中創造出正值的現金。但，這些金額根本不足創造足夠
資金，難以支應他們為了追求成長而做出的大筆投資。為了
填補現金流的差額，他們必須運用外部融資，為成長策略取
得資金。請注意，二〇〇二年他們投資的資金大幅成長，二
〇〇三年時更是明顯。在二〇〇四年，當他們的業務開始分

崩離析時，新投資的規模大幅回復到過去的水準，而且也不再去取得新的融資；相反的，香脆奶油甜甜圈公司當時的融資現金流為負值，這代表他們償付了過去取得的某些融資。我們在二〇一〇年也看到類似的活動：營運創造出足以為新投資提供金援的現金，剩下的部分還用來償還過去的融資資金。

　　後面這種情況，也是基礎穩健的成功企業會有的一項特色：他們能從營運當中創造出足夠的現金流，不僅為（多數）投資提供資金，還有足夠的錢可以開始償還創業維艱初期取得的融資。現金流量表的融資活動部分，也會反映公司償付了多少債務、發放多少股利以及買回多少股份。

　　然而，就算是腳步已經站穩、可以從營運當中創造正值現金流的公司，偶爾也會有機會進行大規模投資，需要向外尋求融資，協助公司取得資金。企業必須面臨的最困難策略性難題之一，就是手邊要保留多少現金，要投資多少以求替未來的成長奠下基礎，以及各要支付多少錢給投資人和債權人。擁有大量的短期流動資產，可以求取短期的安穩。新的投資機會可能突然之間出現，機器可能損毀，油價可能上漲，凡此種種都要考慮。倘若一家企業手邊未保有足夠的現金（或其他流動資金來源），就要冒風險，如果出現意外，

他們可能會耗盡現金。這可能會導致企業必須尋求昂貴的緊急融資，出售他們想要保有的資產，或者，在最極端的情況之下，出現違約倒債的問題。另一方面，手上握有太多現金，則代表這家公司並未以具有生產力的方式進行投資，未來的利潤（以及現金）可能因此受影響❼。

## 收益vs.現金流

營運活動之現金與淨利之間通常會有大量的重疊之處，因此，一般人很容易混淆它們各自代表的意義；這兩者並非用來衡量同樣事物的互相替代或互相競爭指標。特別要說的是，淨利並非衡量現金流的指標，而營運活動之現金也並非衡量獲利能力的指標。要明白後面這一句話，最簡單的檢視方法是，當一家企業投資長期資產時，這些現金流出會呈現在現金流量表的投資活動部分，而非營運活動部分；但，運用這些資產最後終於創造出收益時，這些收益則被歸類在營運活動部分。現金流量表的營運活動部分從未納入長期資產的成本，只有收益。流行的衡量績效指標例如「未計利息、稅項、折舊及攤銷前收益」（EBITDA，earnings before interest, taxes, depreciation, and amortization），也有類似的問題。指標

當中包含了投資長期資產創造出來的收益，但並沒有納入成本。此外，EBITDA甚至未納入利息或稅負費用，這兩者都是顯而易見的真實成本。EBITDA是衡量你如何善用資產的有用指標，但不是衡量投資資產獲利能力的好指標❽。同樣地，營運活動之現金也是流動性的主要指標；流動性是績效的其中一個重要面向，但和獲利能力這個面向大不相同。

　　此外，現金流量表的另一項用處是，可以讓你檢核一家公司的獲利數字可信度。如果這家公司收進來的利潤是現金，你就知道你可以從手邊的現金流量表找到這個數額。非現金的利潤則比較主觀。舉例來說，利潤的認定基礎可能是你的估計值，由你評估可從賒銷回收多少現金、資產可以使用多久，以及你認為資產價值會增加或減少多少。有這些因素要考量，並不代表非現金盈餘就不重要，而是說必須更謹慎地評估這類盈餘。

# 三大財報彼此之間的關係

資產負債表中的等式,是會計中最重要的關係之一。在圖1.1中,我們要展開這條等式中的資產以及業主權益細目,分別歸入現金科目以及保留盈餘科目當中。這樣做,有助於闡述資產負債表、損益表以及現金流量表三者之間的關係。資產負債表的關係等式在期初(圖的上方)以及期末(圖的下方)時都必須成立。期初、期末這二張資產負債表之間有何關係?這兩張表要連起來,方法之一是透過損益表。特別要說的是,損益表有助於調和期初與期末的保留盈餘科目餘額:

**保留盈餘期末餘額=保留盈餘期初餘額+淨利-股利**

若一家企業能獲利,而且沒有把全部的利潤拿去分紅,那保留盈餘的餘額就會增加。而,為了讓資產負債表上的等式能成立,該公司的淨資產(即資產減去負債後的淨值)也必須增加。這也就是說,這家公司保留的盈餘金額,必須投資到公司的某個地方。檢視資產負債表其他科目上的變化,你就會知道這筆錢投資在哪裏。

同樣地,現金流量表也會調和期初與期末的現金餘額,

而現金餘額是資產項下的其中一個科目：

期末現金餘額＝期初現金餘額＋營運活動之現金＋投資活動之現金＋融資活動之現金

　　如果現金餘額增加，若要讓資產負債表上的等式繼續成立，資產負債表上的其他科目也必須要有相對應的變化。現金流量表上的投資現金流出，會對應到資產負債表上的長期資產科目增加；現金流量表上來自借貸的融資現金流入，則會對應到資產負債表上的負債科目增加，依此類推。

【圖1.1】
現金流量、淨利以及資產負債表變動之間的關係

年初資產負債表
　　　　　　資產＝負債＋業主權益
現金＋非現金資產＝負債＋實收資本＋保留盈餘

　　現金流量表　　　　　損益表
　　當年度　　　　　　　當年度
　　　　　　　　　　　（減去股利）

現金＋非現金資產＝負債＋實收資本＋保留盈餘
年底資產負債表等式

　　圖1.1幫助我們瞭解，當現金流量和淨利不一樣時，會

發生什麼事。假設這家公司當年的淨利為100萬美元，未發放股利（因此，保留盈餘增加100萬美元），但現金流量則僅有80萬美元；這表示，現金帳戶僅增加了80萬美元，那剩下的20萬美元呢？為了讓資產負債表保持平衡，資產負債表中的某個其他帳戶必須要出現對應的變化。這也就是說，現金流和淨利之間的差額，必須反映在某個資產負債表科目的變化上。

瞭解交易與事件如何影響這三大財報，以及三大財報彼此之間的關係，是非常重要的技能，因此，我們會在下一章中用一整章的篇幅說明，以進一步培養這些技能。

---

❷ 另一方面，許多比較複雜的金融工具，如衍生性金融商品，無法用簡單的方法判定其市價，因此要使用複雜（而且通常很主觀）的估價模型來估算公平價值。即便我們可以拿到市場價格，但這也不一定就是估計該資產長期價值的最佳估計值。當我們掌握到的是身陷財務危機的公司所做的交易時，更是如此，比方說在近期的流動性危機以及市場崩盤期間出現的情況；我們看到的這些「跳樓大拍賣」價格，無法反映出可以安度危機的企業所持有的類似資產之價值。

❸ 原則上，品牌價值僅能由獨立的估價專家估計，比方說，品牌估價顧問公司 Interbrand 估計，可口可樂的品牌價值在二〇一〇年

期間為700億美元，但是，目前的會計法則認為這類價值太過「不穩」也不精準，無法納入財務報表中。

❹ 舉例來說，根據一般公認會計原則，研發以及廣告成本通常是費用（不視為資產），但在某些產業當中，這卻是他們為了創造未來利益而投下的主要投資形式，也是主要費用。

❺ 當一家公司收購其他企業時，通常會把買價分配到他們所取得的個別資產與負債上。無法歸類在特定項目的金額，在收購方企業的資產負債表上就會以商譽的名目出現。

❻ 一如本節中提到的，關於某個項目應該出現在現金流量表的哪個地方，有時候會有爭議。還有，雖然針對已經發生的交易和事件操縱其現金流是一件很困難的事，但是，特意設計交易以影響現金流發生的時點，卻易如反掌。比方說，來看看替員工加薪以及增加他們的退休福利二個選項之間的差別。就算把這兩種交易設計成經濟成本一模一樣（以現值來說），但他們對現金（發生的時點）造成的影響卻是大不相同。許多通常以現金基礎來管理預算的政府機構，現在都處於嚴重的財政難題，這便是理由之一。他們通過慷慨的員工退休金福利方案，撥出絕少金額、甚至完全沒有資金來償付這些福利，因此，當他們人在其位時，以現金為基礎的預算下無須擔心這些成本。多年之後，當退休金福利要兌現時，卻沒有錢可以支付。

❼ 舉例來說，多年以來，微軟（Microsoft）就因為手邊保有大量的現金以及短期投資而備受批評，蘋果（Apple）保有的現金金額也引發類似的問題。

❽ 顧問公司以及其他人士過度吹捧許多績效指標，要大家把這些指標當成是「唯一」正統指標來看待。企業績效很複雜，涉及許多面向，檢查特定指標到底納入什麼、排除什麼，永遠都是一個好主意。

# 第二章

# 對報表的衝擊：
# 行為與事件如何、何時
# 會影響數字

## 本章重點

- 交易和事件如何影響財報
- 編纂財務報表

在美國房價連四年因經濟持續衰退而下滑之後，美國規模最大的豪宅營造商托爾兄弟（Toll Brothers）在二○一○年花了1.34億美元購入土地。即便房價下跌，新成屋銷售量也減少，但托爾兄弟公司此舉想瞄準的，是當經濟復甦、房屋銷售量開始增加時可預見的消費者購屋趨勢。如此可觀的投資會在這家公司的資產負債表上造成什麼效果？哪些科目數字會增加，哪些會減少？這對他們的現金流量表有何影響？這個項目，是要放在營運、投資、還是融資活動項目之下？這會對公司的獲利能力造成什麼影響，又會在何時造成影響？答案可能不像你想的這麼簡單。實際上，在會計上托爾兄弟公司認列這項交易的方式，很可能和貴公司認列同類交易的方法大相逕庭。

分析這類交易的能力，基本上是經驗豐富的財務分析師與投資人的第二天性，這也是經理人應培養的一項重要技能。不管你是分析師或經理人，要能有效地運用財務報表，你都必須要瞭解這些報表如何彙整。會計師是考量交易和事件，並透過會計規則把它們轉化到財務報表上，經理人與分析師則是「反向解析」（reverse engineer）這套流程，利用財務報表去推測發生過哪些經濟交易與事件。如果你不瞭解編製財務報表依循的原則，就無法進行反向解析。

要瞭解這些原則如何運作的第二個重要理由是，這能讓你的推測更準確，更知道你提議的策略將如何衝擊今年與往後幾年的財務報表。要做到這一點，你必須要能以未來的交易和事件來說明策略的進展，並且要瞭解這些交易和事件會對財務報表造成何種效果。有能力完成這些任務，你便能以更具體的詞彙來討論策略造成的衝擊，之後也能運用財務分析工具來檢視提案策略的各種變化形，試著去改進。

在本章中，我們要替你培養出理解交易和事件如何影響財務報表的技能。以下是第二章中涵蓋的某些主要概念：

- 資產負債表中的等式如何協助你建構思維，讓你理解交易與事件如何影響財務報表
- 利潤與業主新投資之間的差異
- 現金流出何時算是資產，何時又算是費用
- 在評估未來才會出現結果的交易和事件價值時，人為判斷扮演什麼樣的角色
- 現金流量表與損益表有何關係，又有何差異
- 如何根據標的交易與事件編製財務報表

# 交易與事件如何影響財務報表

為強化讀者理解財務報表是如何彙編的，我們將會討論一些典型的交易，說明它們如何影響資產負債表、損益表以及現金流量表。在此同時，我們也會看到這三大財報如何互相牽連，以及它們之間又有何差異。我們也會利用這些交易來強調幾項會計規則中的重要原則與概念。

我們的討論大部分將會圍繞著財報中最重要的關係打轉：

**資產＝負債＋業主權益**

這個等式關係必須永遠成立，因此，任何一項交易都必須維繫其中的平衡，這表示，每一樁單獨的交易也都必須自成平衡。這個概念是所謂「複式簿記」（double entry accounting）的基礎──任何影響到一個科目的交易或事件，一定至少會影響到另一個科目，否則的話，資產負債表中的等式關係就不平衡了。舉例來說，如果某個資產科目增加，以下的情況也至少必須出現一項：某個其他科目的資產減少、某個負債科目增加，或者某個業主權益科目增加。瞭解哪個科目會受影響，是瞭解會計系統運作的關鍵。

　　且讓我們來替一家虛擬企業艾克森公司（Accent Inc.）
來檢視以下這些交易；這家公司才剛剛開始第一年的營運。
針對每一樁交易，我們會試著評估受影響的是資產、負債以
及業主權益下的哪些科目。

一、股東們在一年的第一天創立了一家新公司：艾克森公
　　司。他們投資了 $60,000 現金，換得 2,000 股的普通股。

| 資產 | = | 負債 | + | 業主權益 |
|---|---|---|---|---|
| 現金 + $60,000 | | | | 普通股 + $60,000 |

　　資產項下一個名為現金的科目增加 $60,000。資產中沒
有任何項目的數值減少，因此，為了讓資產負債表維持平
衡，分錄（entry）中必須要有一個負債或是業主權益的科
目數值要增加（譯註：在複式簿記制度之下，在記錄每一項經濟活動
或事件時，科目名稱、記帳方向與金額都要反映科目間的對應關係，這
樣的紀錄稱為分錄）。當公司發行股份給股東時，並不欠股東
什麼，所以不需要認列任何負債項目。因此，這樁交易的另
一邊必須是業主權益，而這通常會記為「普通股」或「實收
資本」。這樁交易也影響了現金，因此現金流量表中的數值

也會增加。具體來說，這會出現在現金流量表中的融資活動項下。

在此要鄭重特別說明的是，即便業主權益增加，但這也並非來自於創造利潤的活動。這也就是說，我們不能把這$60,000認列為本期利潤。會計系統的重要角色之一，就是要把利潤和新投資分開。這個區別之所以重要，我們可以用以下的案例說明：

老鼠會（也就是所謂的龐氏騙局〔Ponzi schemes〕）之所以能（暫時）運作，主要的因素就是其中的設計明確地違反了這項區分原則。老鼠會把真正的利潤（通常很低，甚至是負值）和新投資人投入的資本混在一起，並宣稱這兩者都是利潤。之後，他們從混合的資金當中支付紅利給早期加入的投資人（而且是大筆分紅），作為公司獲利的「證明」，然後設法重複這樣的循環，吸引新的投資人群。為了讓騙局能運作下去，他們必須持續地擴大騙局的規模，一直到終於分崩離析為止。

二、艾克森公司以現金$50,000購買土地和建築物。在這項總成本當中，$10,000是花在土地上，$40,000是花在建築物上。

| 資產 | = | 負債 | + | 業主權益 |
|---|---|---|---|---|
| 現金－$50,000 | | | | |
| 土地＋$10,000 | | | | |
| 建築物＋$40,000 | | | | |

顯然，在資產項下的現金科目金額減少 $50,000。運用這筆現金，我們換來二項其他財產：我們的土地科目增加 $10,000，建築物的科目則增加了 $40,000。雖然這兩筆帳可以彙整在一起，列入資產負債表中的「財產、廠房與設備（property, plant, and equipment）」科目下，但是，公司裏的會計紀錄還是要分開來，說明這 $50,000 中花了多少錢買建築物，又花了多少錢買土地。要這麼做，是因為在購買日之後，我們要用不同的方式來看待建築物與土地。尤其是，建築物要隨著時間過去而折舊，但土地（依照慣例）則無須折舊。請注意，雖然公司花了這筆現金，但是對於淨利和業主權益都沒有影響。會計會區分出這類視為資產（這些未來仍能創造收益）的交易現金流出，把它和視為費用（指已經用完或收取利益的交易）的現金流出分開來。這樁交易會讓現金流量表中的投資部分現金流出金額增加。

你可能會認為托爾兄弟公司在購買土地時會用下列的方

式認列：增加財產、廠房與土地這項長期資產數值、減少現金，並把購買土地的現金流出歸類到現金流量表中的投資活動部分。多數企業是這樣做的。對這些多數的其他企業來說，買賣土地並非他們的本業，他們買土地是為了蓋工廠，他們會持有土地幾十年，或許也會處分土地，但是當成業外部分的活動。但對托爾兄弟來說，這卻是他們的主要業務；他們買進土地再（蓋好房子之後）賣出，藉此賺取利潤。在財務報表中，科目的分類必須隨之調整，以適應該公司從事的業務類型。

三、掛帳（即以信用往來而非支付現金）$40,000，購入將由公司轉售的商品（即存貨）。這些商品的總售價訂為$64,000。

| 資產 | = | 負債 | + | 業主權益 |
|------|---|------|---|----------|
| 存貨＋$40,000 | | 應付帳款＋$40,000 | | |

　　資產項下的會計科目存貨（inventory），金額增加$40,000。因為我們還沒付這一批貨物的貨款，因此有一筆應付款的債務。在會計上我們會創造出一個負債科目來認

列,即應付帳款(accounts payable),金額為 $40,000。這樁交易並未影響損益表;還有,交易沒有影響到現金,因此不影響現金流量表。

實際上,托爾兄弟公司便是用以上這種方式認列購置土地的會計帳。對托爾兄弟來說,他們的本業是買入土地、興建房屋,然後出售房屋以賺取利潤。土地是他們存貨科目當中的一部分,購買土地則會讓該公司現金流量表中的營運現金流(出)量增加。興建房屋的成本會併入存貨科目裏的土地成本當中,出售土地時,總成本便計為費用(計入銷貨成本當中)。在下一個案例中,我們將要分析銷售交易。

在登錄之前的第三項交易時,我們並未考慮公司打算(希望能)用 $64,000 出售存貨。這是歷史成本會計法則的典型案例。取得成本是客觀且可驗證的,但另一方面,我們預期中的銷售價格 $64,000,在會計中則被視為猜測意味太過濃厚,而且在此時此刻太過積極樂觀。重新評估存貨價值調高到 $64,000,等同於現在就認列的銷售利潤;此時此刻,我們根本還沒有買方、銷售契約或任何現金!因此,會計規則強制要求企業要等到實際銷售存貨之後,才可以認列利潤。利潤,即是企業銷售存貨與付錢購買存貨之間的價差。

四、其中價值$5,000的商品以$8,000賣出，實收現金。

| 資產 | ＝ | 負債 | ＋ | 業主權益 |
|---|---|---|---|---|
| 現金＋$8,000 | | | | |
| 存貨－$5,000 | | | | 保留盈餘＋$3,000 |

　　現在，我們把東西賣出去了！資產科目中的現金項增加
$8,000，而另一個資產科目存貨，則減少$5,000。光有這二
項變動不足以維持等式平衡，那麼，其他的分錄是什麼？出
售資產所得及付錢購買資產之間的差額，即是銷售利潤：
$8,000－$5,000 ＝ $3,000。公司長期累積下來的利潤，我們
會放在業主權益的保留盈餘科目項下，若要支付股利給股
東，則減少這個科目的金額。事實上，保留盈餘這個科目的
另一個名稱，稱為累積利潤（accumulated profit）。請注
意，雖然普通股和保留盈餘都是業主權益當中的會計科目，
但是兩者要分開列記，這樣才符合我們在第一項的討論。以
上的分錄讓資產負債表中的等式維持平衡，結果是資產增加
$3,000，而業主權益也增加$3,000。在現金流量表中，我們
收到了$8,000現金（而且沒有付出任何現金）。因為銷售交
易被視為營運活動，因此，我們要再把這$8,000放在現金流

量表中的營運活動之下。

　　從技術上來說，企業實際上會用稍微複雜一些的方式來登錄這類的銷售交易。一般公司不會直接把最後的淨額輸入保留盈餘科目當中，而是另設營收以及費用的（損益表）科目，分別記錄追蹤。這樣一來，要編製損益表就容易多了；我們希望在損益表上看到的，是一行一行不同類型的營收和費用項目，而不光只是一個總數而已。因此，我們實際上做的，是在業主權益項下列出一個營收科目，金額增加$8,000（即銷售金額），然後在業主權益項下再列出一個銷貨成本科目，金額為負$5,000（譯註：這個案例主要用於說明，實際上這項交易不會直接進入資產負債表，而是先進入損益表，到期末時再轉入資產負債表；營收和費用是損益表中的科目，不會出現在資產負債表之下。後面的案例也有相關說明。）；我們在這裏使用負值，是因為這是一項費用，會拉低保留盈餘。

五、付錢給我們向其買貨的供應商（請參見第三項中的交易），支付現金$17,000。

| 資產 | = | 負債 | + | 業主權益 |
|---|---|---|---|---|
| 現金－$17,000 | | 應付帳款－$17,000 | | |

　　這項交易很簡單。我們付現金 $17,000 給供應商，那麼，資產中的現金科目金額就減少 $17,000，同樣的，負債中的應付帳款科目也減少 $17,000。雖然現金減少了，但並不影響收益。當我們出售向供應商買來的存貨時，才能認列收益效果。理論上，收益可能已經發生，或者，如下一樁交易所示，可能要等到未來才會發生。

六、價值 $15,000 的存貨以 $25,000 售出。這一次，在銷售總金額當中只收取到 $6,000 的現金；其餘的金額會在年底時到期。

| 資產 | = | 負債 | + | 業主權益 |
|---|---|---|---|---|
| 現金＋$6,000 | | | | 保留盈餘＋$10,000 |
| 應收帳款＋$19,000 | | | | |
| 存貨－$15,000 | | | | |

　　這樁交易就比第四項中的交易難一點。很明顯，存貨減少 $15,000，現金增加了 $6,000。剩下的銷售價款 $19,000，其形式是客戶的承諾，答應未來會付錢給我們。代表這類承諾的資產科目，是應收帳款（accounts receivable）。淨資產

增加$10,000，這是我們出售資產所得與購買資產成本之間的差額。這項差額即是利潤，認列時，是保留盈餘要增加對應的金額。就像之前提過的，技術上，我們最初會把這筆交易登錄成營收增加$25,000、銷貨成本$15,000，等到年底時，再把這些分錄轉到保留盈餘科目的餘額當中。請注意，交易的利潤為$10,000，但是公司收到的現金僅有$6,000。之所以會出現差額，一部分是因為我們此時此刻還沒支付存貨的貨款，另一部分則是因為我們現在也還沒有完全收到銷貨所得。

在這裏，應該認列的營收是多少會引發較多爭議。現金部分的$6,000已經穩穩地放在銀行了，但，我們有可能無法收到全部的賒銷所得$19,000。會計規則並沒有要求你一定要等到完全收到錢才能認列收入；這樣的話就太過保守，也太不合時宜了。反之，我們必須估計預期中會面臨的倒債金額有多少，並把營收和應收帳款拆開，以維持平衡。我們在本例中不談這個部分。

七、艾克森公司的員工努力工作，年底時一共賺得$4,000的獎酬。在總額中，其中的$3,000已經以現金支付，另有$1,000未來才要支付。

| 資產 | ＝ | 負債 | ＋ | 業主權益 |
|---|---|---|---|---|
| 現金－$3,000 | | 應付獎酬＋$1,000 | | 保留盈餘－$4,000 |

　　很明顯，資產科目現金減少$3,000，負債科目應付獎酬（這可能是遞延分紅、假期津貼、退休金等等），則增加$1,000。要維持平衡，業主權益必須減少$4,000；這個金額即是總獎酬費用。就像之前的案例，我們一開始會把這認列為費用科目，之後在年底時再轉入保留盈餘科目，連同其他的營收與費用科目一起。請注意，獎酬費用在損益表上會獨立認列，如同實際上完全以現金支付的情形一樣。我們想要讓總成本與賺得營收的期間（預設是我們從該項工作中獲得利益的期間）一致，而不是去配合支付成本的期間。

八、向客戶收到$2,000現金。

| 資產 | ＝ | 負債 | ＋ | 業主權益 |
|---|---|---|---|---|
| 現金＋$2,000 | | | | |
| 應收帳款－$2,000 | | | | |

　　這裏很簡單──現金增加$2,000，資產中的應收帳款減

少$2,000。這不影響收益,因為我們在銷售的時候就已經認列營收了。我們不能在收款時再認列一次,否則的話,我們就重複計算了;會計規則禁止這麼做。

九、年中時,公司向一家銀行借了$5,000,一年後還款,利率為10%。

| 資產 | = | 負債 | + | 業主權益 |
|---|---|---|---|---|
| 現金+$5,000 | | 應付票據+$5,000 | | |

　　現金增加$5,000;另一項代表要償付這筆負債的科目稱為應付票據(notes payable),也增加$5,000。

　　這項交易(還)不影響淨利,但融資部分的現金流(入)會增加。

十、支付$1,000現金股利給股東。

| 資產 | = | 負債 | + | 業主權益 |
|---|---|---|---|---|
| 現金-$1,000 | | | | 保留盈餘-$1,000 |

現金減少$1,000，這很直接了當。同樣也很清楚的是，為了讓數字平衡，我們要讓業主權益這邊的數字同步減少。支付股利給股東，代表公司賺取的部分收益不能再由公司保留，而是要付給業主。這反映在業主權益當中的保留盈餘科目數字減少上。這樁交易比較「機巧」的部分，牽涉到我們要瞭解就算交易導致保留盈餘金額減少，但對淨利並無影響。股利不是費用，並不是為了創造營收或利潤而出現的成本；反之，這是把部分的利潤返還給股東。因此，要能追蹤記錄保留盈餘的餘額，我們就要追蹤收益以及付出去的股利。就像我們之後會看到的，當企業的發展還處於草創階段時，發放股利可能並非適當的商業決策；我們在此納入這樁交易，只是為了檢視會計系統的運作而已。

## 期末調整分錄

以上就是當年度發生的所有交易，但艾克森公司也必須評估，是否要把其他已經發生的經濟事件納入考量。由於這些事件通常沒有附帶具體的交易，因此企業必須非常小心謹慎，確保財務報表確實有納入這些事件。少了據以為憑的交易，也代表當我們在衡量這些事件的金錢價值時通常會帶有

更高的主觀性。

十一、經濟事件之一是，艾克森公司使用了建築物（來自第二項交易）一年。在購入這棟建築物當時，艾克森公司預期能使用十年，之後才會替換。而，在這一年當中，該地區房地產的市價增值了8%。

| 資產 | = | 負債 | + | 業主權益 |
|---|---|---|---|---|
| 建築物－$4,000 | | | | 保留盈餘－$4,000 |

　　艾克森公司在今年的損益表中必須認列一部分的建築物成本（總價值為$40,000）。這項費用稱為折舊費用。在理想狀況下，企業在資產生命週期中認列的折舊費用，會使得資產在可使用年限終了時的價值等於當時的預計處分價值。且讓我們假設，十年後這棟建築物的預期處分價值為0。若是如此，根據一般通用的直線折舊法（straight line depreciation），每年認列的折舊費用為$40,000除以10等於$4,000。這項資產的帳面價值減少$4,000，保留盈餘科目同樣也減少$4,000。

　　請注意，我們並未考慮當地房地產的增值。因此，這棟

建築物折舊之後的價值，並不符合建物實際上的減值（或者，在本例中為增值）。「好消息」是，這項誤差最後會被修正。若要瞭解如何修正，且先假設我們十年內持續每年折舊 $4,000，因此，到了十年終了時，建築物的帳面價值就會是 0，但是，當時建物的實際市價為 $100,000。如果我們到那時出售這棟建築物，就會認列出售建物利潤 $100,000，因為，此時我們是以 $100,000 售出帳面價值為 0 的資產。在這整個十年的期間，我們認列和這棟價值相關的累積利潤是，總折舊費用 $40,000 以及總利得 $100,000，淨利為 $60,000。而這個差價正好就是我們出售建築物所得與購入建築物成本兩者之間的差額！假設我們預期這棟建物在十年期末時還有 $10,000 的價值，因此認列的總折舊費用僅為 $30,000，而當我們出售時價值同樣為 $100,000。現在，我們認列的出售利得為 $90,000（賣價 $100,000 減去帳面價值 $10,000）。十年來的累積利潤為 $30,000 的折舊費用以及總利得 $90,000，淨利同樣是 $60,000。不論我們使用何種折舊方法，累積下來的會計利潤，都等於我們出售資產所得減去付出的購入成本。長期總現金流與總會計利潤會相等，這是會計當中一項非常重要的特色。「壞消息」是，這類錯誤要花很長的時間才能自我修正。

十二、艾克森公司應注意的另一項事件，是他們用了半年的
　　　應付票據；使用這筆錢會有一些成本（就算實際上我
　　　們還不用付錢也一樣）。

| 資產 | ＝ | 負債 | ＋ | 業主權益 |
|---|---|---|---|---|
| | | 應付利息＋$250 | | 保留盈餘－$250 |

　　若以年息10%計算，當款項到期時，我們必須為了使
用放款人的錢而支付$500的利息給對方。因此，使用票據
半年的成本就是$250。換句話說，如果我們想要現在還清
款項，但只付給放款人我們原本借的$5,000，對方可不會同
意。我們必須額外支付這一筆錢在這段期間內賺得的利息：
$250。認列這筆交易時，我們會在保留盈餘項下的利息費用
科目當中計入這筆費用，然後，我們會認列一筆$250的應
付利息，這條分錄才會平衡。或者，另一種可接受的做法，
是把這一項直接加到應付票據科目當中，認列為負債。

## 心中有稅負

　　最後，還有另一項我們需要考量的費用。如果我們在此

時此刻把所有的項目彙整起來，就會看到這家公司將能獲
利。遺憾的是，股東不是唯一有權利分享利潤的人，政府單
位也要分一杯羹。因此，為了適當地評估股東的權益增加了
多少，我們需要計算等到報稅旺季時（譯註：美國為四月）公
司要支付多少稅額。假設適用營利事業所得稅率為40%：

| 資產 | = | 負債 | + | 業主權益 |
|---|---|---|---|---|
|  |  | 應付所得稅＋$1,900 |  | 保留盈餘－$1,900 |

　　正如我們接下來會看到的，稅前盈餘為 $4,750。若這家
公司適用的稅率為40%，那麼，我們要繳交的稅額便是
$1,900。認列時，透過名為所得稅費用的費用科目，保留盈
餘要減少 $1,900。實際上我們還沒付出這筆錢，因此現金
（還）不會減少。反之，我們要建立一個負債科目應付所得
稅（income taxes payable），以反映這項繳交稅金的義務。

　　現實中，針對稅負，企業可以保有另一套完全不同的帳
冊，用不一樣的規則來計算損益，和他們用來編製對股東報
告的財務報表截然不同。

# 編纂財務報表

現在我們已經做好準備，要把這些科目的餘額加總起來，彙整出我們的資產負債表。

**艾克森公司**
**資產負債表 2012 年 12 月 31 日**

| 資產 | | 負債與業主權益 | |
|---|---|---|---|
| 現金 | $10,000 | 應付帳款 | $23,000 |
| 應收帳款 | 17,000 | 應付薪資 | 1,000 |
| 存貨 | 20,000 | 應付票據 | 5,250 |
| **總流動資產** | **$47,000** | 應付所得稅 | 1,900 |
| | | **總負債** | **$31,150** |
| 土地 | $10,000 | | |
| 建築物 | 36,000 | 普通股 | $60,000 |
| **總長期資產** | **$46,000** | 保留盈餘 | 1,850 |
| | | **總業主權益** | **$61,850** |
| **總資產** | **$93,000** | **總負債加業主權益** | **$93,000** |

　　這張資產負債表提供的，是艾克森公司在特定日期（二
〇一二年十二月三十一日）的財務狀況。檢視後續的資產負
債表，你就能獲得相關資訊，瞭解這家公司的財務狀況如何
變化。因為這是艾克森公司的第一張資產負債表（在這一年
初始時，資產負債表上的所有數值均為0），因此，在本例
中，這張資產負債表也顯示了資產負債表的變化。艾克森公
司的資產負債表告訴我們，雖然公司一開始在發行股票後拿
到$60,000的創業現金，但到年底時現金餘額已經減至只剩
$10,000。公司把其他的現金拿去投資以購置資源，其中包
括一棟建物、土地和存貨。他們總計取得價值$83,000的非
現金資產。艾克森公司也累積了一些負債：總負債金額為
$31,150，這些全都會在明年之內到期。

　　我們可以看到保留盈餘增加了$1,850，但是，資產負債
表並沒有提供太多資訊，告訴我們艾克森公司在今年度的績
效如何；這是損益表和現金流量表的重點所在。藉著檢視艾
克森設立的個別營收與費用科目，我們可以編製出這家公司
的損益表。

**艾克森公司**
**2012年損益表**

| 銷貨收入 | $33,000 |
|---|---|
| 銷貨成本 | ($20,000) |
| 毛利 | $13,000 |
| 獎酬費用 | ($4,000) |
| 折舊費用 | ($4,000) |
| 營業收益 | $5,000 |
| 營業費用 | ($250) |
| 稅前收益 | $4,750 |
| 所得稅費用 | ($1,900) |
| 淨利 | $2,850 |

　　請注意，淨利為$2,850，但保留盈餘只增加了$1,850。兩者之間之所以出現歧異，是因為公司並未保留所有的收益：公司支付了$1,000的股利。損益表中一行一行的項目都很有用，因為這些帳目能讓我們看到艾克森創造出來的收入金額以及費用結構（費用會侵蝕一部分的收入）。在下一章中，我們將會討論如何分析損益表。

　　現金流量表應該算是財報中最單純也最清楚的報表，但可惜的是，企業呈現現金流資訊的方式，卻讓這張報表變得更隱晦難解。原則上，一家企業必須詳細檢視財務報告期間

內發生的每一樁交易，檢查看看哪一項涉及了現金流。如果某一樁交易和現金有關，就要列入現金流表中；若無關，則無須納入。之後，企業會把現金交易分門別類，歸入營運、投資以及融資活動當中。最後，企業在每一個類別裏面又再把現金流入和流出分開來。按照這種方式做出來的現金流量表，稱為直接法（direct method）現金流量表，就類似以下這張艾克森公司的現金流量表：

## 艾克森公司
## 2012 年現金流量表

**營運活動之現金**

| | |
|---|---|
| 來自客戶的現金 | $16,000 |
| 支付給員工的現金 | (3,000) |
| 支付給供應商的現金 | (17,000) |
| 支付利息的現金 | 0 |
| 支付稅負的現金 | 0 |
| 營運活動之現金 | ($4,000) |

**投資活動之現金**

| | |
|---|---|
| 購買財產、廠房與設備 | ($50,000) |
| 出售財產、廠房與設備 | 0 |
| 投資活動之現金 | ($50,000) |

**融資活動之現金**

| | |
|---|---|
| 發行債券 | 5,000 |
| 償付債券 | 0 |
| 發行股票 | 60,000 |
| 償付股票 | 0 |
| 支付股利 | (1,000) |
| 融資活動之現金 | $64,000 |

| | |
|---|---|
| **現金變動總金額** | $10,000 |
| 期初現金餘額 | 0 |
| 期末現金餘額 | $10,000 |

　　這種表達現金流量的方式，用直接的方式解讀。艾克森公司的現金餘額在當年度內從0增加到$10,000。營運以及投資活動都消耗了現金；為這些活動提供資金的現金，來自融資活動，大部分是出自發行股票。

　　在本案例中，營運活動創造的現金為負值，但淨利為正值，這一點剛好證明了流動性和獲利能力並非同一件事。損益表說，我們為股東創造出了附加價值，但是，現金流量表說，公司並未以現金的方式回收這些價值。那麼，這些價值到哪去了？答案必定是就在資產負債表當中。這也就是說，資產負債表代表了還沒有變成現金的其他資源與義務。

　　實際上，多數現金流量表都比上述的報表看起來更加複雜，在營運活動部分尤其如此。一般的現金流量表不會一開始就直接列出營運活動的現金流入和流出，而會以淨利開頭，然後做出一系列的調整「變回」營運活動的現金。這就是所謂的「間接法」（indirect method）：間接法的現金流量表也同樣會針對營運活動的現金計算出「底線」盈餘數字，但是格式看起來不一樣。以我們要達成的目的來說，只要瞭解哪些因素會影響現金、它們又會出現在現金流量表的哪個部分，那就夠了。然而，針對有意瞭解的讀者，我們也會在附錄部分說明如何使用間接法。

　　現金流量表、資產負債表以及損益表的作用就好比是成績單，告訴大家這家公司的表現如何。經理人的任務，就是要妥善詮釋這些數據，並依此修正自己的營運、投資與融資決策。第一至二章已經討論過每一種財務報表各代表何種意義、如何彙整而成以及它們彼此之間有何關係，在本書剩下的部分，我會更深入探討，說明如何詮釋與運用報表中的資訊。我們從第三章開始，先把焦點放在損益表上；損益表傳達的是一家企業（以及其子單位）的收入、費用與獲利能力相關資訊。

第三章

# 善用損益表：
# 營收、費用與利潤

**本章重點**

- 詳細解析個別數據
- 基準指標（benchmark）
- 評估績效：從營收開始
- 費用與獲利能力

　　既然現在我們已經知道如何彙整出財務報表，就表示我們已經有了基礎，可以去討論如何在決策時善用這些資訊。我將會介紹一些最常用的績效指標，並探討如何分析與詮釋這些指標。一開始，我們將會先把焦點放在營收上，之後再有系統地逐步拓展範圍。我們將會討論如何分析用來創造營收的成本；成本和營收加總起來，就決定了公司的獲利能力。在下一章，我們將要來看看企業的資產，檢視一家公司是否以有效率的方式善用資產。拿利潤和用來創造這些利潤的資產相比較，便可以把損益表和資產負債表連起來。最後，我們會納入資產負債表的另一邊（這個部分會告訴我們企業的資本結構是怎麼樣，或者是企業以何種方式取得資金購入資產），並說明這將對績效和風險造成何種影響。

　　經理人之所以要善用財務報表，主要理由有二：

　　一、財報有助於我們找出應把注意力放在何處，以及應針對哪些方面採取修正行動；

　　二、財報可以幫助我們重新評估對未來績效的推估。要能妥善完成以上任務，必須要有夠詳細的資訊，能揭露企業各個「部分」的表現如何；諸如全公司淨利這種摘要性的資訊，不足以告訴我們在哪些方面做得好、哪些方面又沒做好。在表現傑出的領域，我們希望瞭解為什麼可以把事情做好。

我們可以把做得好的地方也複製到公司的其他領域嗎？
我們會想要擴大某些活動，比方說增加產量、興建新廠房或
開拓海外市場嗎？在表現糟糕的部分，我們則想要知道為什
麼做不好，而且是哪些地方做不好？有什麼是可以修正補救
的嗎？若沒辦法，那我們想要縮減這些活動、把相關業務外
包，還是乾脆完全都不做了？

讓我們來看看前言中所舉的百事可樂企業重組案例。當
時，百事可樂由三大事業群組成：飲料、點心食品以及餐
廳。若要能針對不同的事業群分別做出決策，公司就要先知
道每一個事業群的表現如何；光瞭解百事可樂整個公司的績
效，還不足夠。就像表3.1指出的，百事可樂評量個別事業
群的績效，從中獲得的數據讓他們能針對各個事業群進行長
期的自我比較，同時也能做跨事業群比較。

【表3.1】
**1996年百事可樂公司事業群績效精選統計數字**

|  | 飲料 | 點心食品 | 餐廳 |
|---|---|---|---|
| 營業收入（單位為千美元） | $10,524 | $9,680 | $11,441 |
| 營收成長率 | 1.4% | 13.3% | 1.0% |
| 營業收益（單位為千美元） | $890 | $1,608 | $511 |

各個事業群的營收都差不多，其中餐廳事業的營收稍高於其他兩項業務。但，飲料與餐廳事業群的營收並未出現太高的成長。每一個事業群的獲利均為正值，但餐廳事業的利潤是三者當中最低的。這也就是說，點心食品事業的營收最低，但成長最快而且利潤最好。餐廳業務則相反，營收最高，成長率卻是最低，而且利潤也最薄。百事可樂公司最後出售比較小型的連鎖餐廳，並將其他的餐廳業務分割出去，變成另一家獨立的公司。

在本章中，當我們在分析損益表時將涵蓋以下主題：

- 要用何種基準指標（benchmark）和你手上拿到的績效來做比較？

- 為何把焦點放在營收上是分析財務報表的最佳起點？

- 為何成長率是眾人大力強調的指標，但卻非唯一重要的因素？

- 關於營收，為何一定要以懷疑的態度去看待？

- 何謂毛利率，以及為何毛利率是獲利能力的關鍵指標？

- 會計規則會如何扭曲出現在損益表上的費用？

- 在利用財務報表推測未來績效時，為何區分重複性與暫時性的營收和費用項目至為重要？

# 詳細解析個別數據

　　想為決策提供有效支援，組織就必須給經理人必要的資訊，符合他們在組織中的層級及的職責範圍。像營收、利潤或是現金流這些績效指標，都可以根據不同的區塊分別計算，一如百事可樂公司的做法；至於如何劃分出不同的群組，則可以用地區或是產品類型來界定。我們也可以進一步拆解數據，根據產品線、處室、工廠、部門等等來計算績效。拆解到越基層，代表我們越希望針對每一個領域的績效取得更詳細的資訊。

　　企業也應該要能提供利潤成分的詳細資訊：要把不同類型的營收和費用分開。生產經理要拿到更詳細的產量、不良率以及成本數據，對行銷經理來說，比較重要的則是要取得詳細的營收與行銷成本細目。

　　請記住，對於在某個領域承擔主要職責的經理人來說，如果也能知道其他領域發生了什麼事，將能受益匪淺。舉例來說，我們常見企業根據客戶別劃分營收，但比較少見以客戶別作為基礎，逐一計算從他們身上分別創造出多少利潤。少數幾個客戶對你的總利潤卻貢獻良多，是常有的事。帶來高營收的客戶可能不是讓你獲利最豐的客戶，而且，事實

上，如果要維繫他們的成本很高，甚至還可能讓你虧本。比較熟悉營收、但不明瞭這些額外成本的行銷經理（這些人的薪資獎酬很可能主要都根據營收來計算）會主張，這類客戶很有價值值得保留，但實際上不見得如此。

# 基準指標

　　要評估你的績效多好，或者看看有沒有出現什麼不尋常的狀況，你就需要有可用來比較的基準指標（benchmark，或譯為標竿比較）。最常見到的比較，或許就是拿現在的績效和前幾期相比。這讓你可以看清楚長期下來情況有何變化，也有助於找出趨勢或不尋常的結果。舉例來說，年報中的管理階層討論與分析（management discussion and analysis）就會提供很多資訊：在這個部分，會把當年度財務報表中的精選項目拿來和前一年的對應項目相比，並討論為何數值會出現差異。把當年績效拿來和前期相比，也正是成長率的算法。就像我們之後將會討論到的，在公司內部以及產業分析師檢視與評價企業時，成長率是其中最重要、也受到高度檢驗的績效指標之一。

　　第二個自然出現的指標，是把你的績效拿來和公司內其他單位、或是其他公司做比較。和企業內部的其他單位比較績效，幫助你判定要把資本配置在哪個領域。和其他公司做比較，讓你能找出自家公司在財務上以及營運上的優、劣勢，幫助你重新思考你要選擇如何、以及在何處和對手一較高下；其他的企業很可能也會做相同的事❾。這類的比較也

可以幫助你瞭解，你的績效變化有多少是基於產業面因素（比方說整體產業的銷售下滑，或是原物料價格的上漲）或是其他共同因素（例如利率），又有多少是基於公司本身造成的效果。

　　第三種常見的基準指標，是預算。和預算比較，可以幫助我們找出意外、判斷預估的數字是否需要更新，凡此種種。不管使用哪一種基準指標，找出績效和基準之間有差異的理由，究竟是出於暫時性事件（非重複性）還是永久性事件（會持續發生的），是很有用的資訊。這是非常重要的區別，因為重大的非重複性事件在評估過去績效與瞭解發生什麼事時非常重要，但對於前瞻展望以及預估未來的成本與利潤來說就沒這麼重要。

# 評估績效：從營收開始

營收（或稱營業額）是財務報表中最常被公開、最受到密切檢驗的數字。公司在發佈每季的新聞稿時，通常一開始就會先報告當期的營業額，之後，他們才會提及盈餘。營收重要，是因為這是所有企業活動的最終結果。企業獲得融資，購得資源，生產財貨與服務，這一切的目的都是為了創造營收（並且希望營收夠高，足以支付所有相關的成本）。營收不只是列在損益表第一行的「頂線」（top line）而已，更是決定哪些成本要出現在損益表上的重要因素；許多成本都要和營收一致。

營收（以及費用）也可以加以分解，拆解出基本的影響要素：這也就是說，營收是售價乘以銷售量，而費用則是投入原料的單位成本乘以使用的財貨或服務數量。至於用外幣計價的交易，匯率的變動也會影響這些交易轉換成財報所用計價貨幣後的績效。營收衝高是因為我們售出更多的產品、是因為售價提高，還是因為匯率改變了？如果營收的成長是因為最後一項理由，我們可能不該寄望明年也會出現同樣的成長。

營業額的成長，被當成極為重要的指標❿。為什麼大家

都這麼關注成長？其中一個理由是營收成長通常是利潤的領先指標。因此，營收成長率高的企業通常股價較高，本益比（PE ratio，price-to-earnings ratio）也比較高。身為新市場先行者的優勢以及擁有較高的市占率，通常也是可達成高營收成長的因素。市占率這個指標，通常用你的營業額除以整個產業的營業額來計算，這相當於把你的營業額（以及營業成長）拿來和競爭對手比較。它可解讀成你的相對競爭力，也是你在產業中相對於同業擁有的力量與影響。

　　然而，有幾個因素都可以帶來成長，必須透過分析，才能判定確實是哪個要素創造了成長。舉例來說，你來自新產品與舊產品的營收各有多少？有沒有一些營收流量會受到專利權的保障，因此你未來也可以仰賴這些營收？這些專利何時到期？你的營收當中是不是有很高的比例來自於相對少數的客戶？若是，這些客戶的財務狀況如何，你又如何看待他們未來的需求？

　　我們還可以用另一個有用的方法來分析營收成長，就是把「有機」（organic）成長和靠著購併得來的成長區分開來。比方說，在零售業，企業通常會追蹤比較同店銷售量（same-store sales）、新店面銷售量以及透過收購其他管道創造出來的銷售量。如果你是從既有的設施設備當中創造出較

多的營收，優勢是你的基礎建設已經備齊，成本增加的速度不會像營收增加的速度這麼快。然而，特定一家店的營業額或特定一家工廠的產量能擴張到什麼地步，自有其限制（舉例來說，客戶就不會只為了購物跋涉千里前往特定商家）。香脆奶油甜甜圈公司因為開了太多店面而衍生出諸多問題，其中之一就是這些店面不光是要應付其他企業，還要開始和自家人對打。即便公司的整體營業額仍是增加的，但同店銷售量（以及利潤）卻已經開始走下坡。

以沃肯建材（Vulcan Materials）這家製造建築混凝土的公司為例，其運輸成本極高。在這種情況下，收購是比較輕鬆的成長擴張之道。然而，收購的成本通常非常高昂，多半必須付出大筆的加價才能買下其他公司。在二〇〇七年時，沃肯建材收購競爭對手佛羅里達石材（Florida Rock），付給對方高於當時股價45%的溢價，公司的資產也因此成長到兩倍有餘，正是最好的說明。沃肯建材期盼的，是佛羅里達州的營造業與房地產業回春；他們現在還在等。

營收縮減通常是未來財務狀況搖搖欲墜的前兆，但是，成長太快也要付出代價。在某些情況下，為了創造營收成長而灑錢這種事會失控。香脆奶油甜甜圈公司是一個絕佳案例，卻絕對不是單一個案。在百事可樂一九九六年的年報當

中，執行長恩瑞可在寫給股東的信裏提到該公司近期的表現，摘要說明如以下：「那麼，我們的結論是什麼？呃，聽起來可能會有點奇怪，但我們認為，我們努力過了頭了……太急著追求成長了。三十年來，我們犯下的錯誤相對來說可算是少之又少，這都要感謝老天保佑；然而，過去發生過的錯誤，大概都是因為太快速投資太多金錢，嘗試在一夜之間一步登天，不過，事後來看，實際上的成功機率比看起來小多了。」

快速的成長通常也代表著必須聘用與訓練新人，這會導致品質與服務水準下滑。通常，當企業規模擴張時，管理階層就會失去監督各項活動的能力，這也會對品質造成負面影響。舉例來說，二〇一〇年時，豐田汽車（TOYOTA）的總裁豐田章男（Akio Toyoda）對美國國會委員會說：

「我們追求的成長速度，超過我們能夠培養人才與發展組織的速度。這導致我們今天面對的召回事件中出現的安全議題，我對此深表遺憾。」❶

從實證上來看，在短時間內成長速度最快的企業，破產的機率同樣也最大，遠遠超過那些成長速度較和緩的公司。成長太快的公司有時候到頭來會變成流星，曾經高掛天際，但很快地就消失無蹤了。

## 營收的會計議題與衡量議題

經理人都知道，營收是眾人眼中代表成就的重要衡量指標，因此，有些人會想方設法膨脹真實的營收。這些方法從直接的欺騙、歪曲的判斷到單純的過度樂觀，各種情形都有。有時，要在公司內要「做出數字」的壓力可能很大。要記住，被抓到的後果會很嚴重；而且，這並不是你想走的那一條路。

認列營收的規則是什麼？第一條規則是，讓客戶簽下契約，並不足以讓企業把這分契約認列為本期營收。反之，要認列，必須要把擁有產品的風險和責任轉嫁到該客戶身上；對方必須對產品握有經濟上的控制力。會有這些規則，主要是為了把合法的銷售和假交易區分出來。後面這種假性銷售，案例之一是「開出發票但代為保管商品」（bill and hold）的交易安排；在這種做法中，即便客戶實際上希望等到日後才收到商品，但企業卻已經在此時此刻認列營收了，這是常見的非法虛報或提前認列營收。「附屬協定」（side agreement）也是類似的手法，在這類協定中，約定如果客戶不需要商品的話，賣方會在下一期買回。在這幾十年來的醜聞中，這類交易一直都是核心重點，從日光企業

（Sunbeam）到安隆（Enron）皆然。這類「銷售」交易，很多都發生在會計年度的最後幾天。這些手法的目的，主要都是為了達成銷售或盈餘目標、提高根據營收計算出來的個人獎酬，或是避免股價下跌（經理人會擔心，如果公司無法達成自己或外部分析師的預估數字，將會導致股價下跌）。在最好的情況下，這些交易能做到的，就是把下一季才能報告的營業額和利潤挪到這一季來，讓你下一期從期初開始就留個大洞。一旦被抓到操弄營收，要面臨的後果從接受公司內部的處分，到面對民、刑事的處分都有。

遺憾的是，這類虛報營收的決策太常見了，因此使得營收認列變成證管會執法人員最常針對企業開刀的地方。我們要抱持著更戒慎懷疑的態度，檢視會計期間期末發生的銷售交易。

## 分析賒銷以判定真正的營收

說到和營收相關的判斷問題，其中最重要的議題之一和賒銷有關。預期所有賒銷的金額都可以回收，並不切實際，因此，企業必須降低認列的賒銷營收，讓認列的營收等於預期可回收的金額，而不是買方賒欠的全部金額。如果一家公

司賒銷 100 元，但他們預計有 3% 的客戶最後會違約倒債，這家公司將會僅認列 97 元的淨營收。同樣的議題也適用在預估產品退貨上面。

如果要知道你的公司如何估計損換率以及退貨率，通常必須檢視公司財報的附註；如果你要知道競爭對手在這一方面的做法，更要詳讀他們的財報附註。

在預估時，公司內以及其他類似企業過去的收款經驗雖然很有用，但預估代表的是展望未來的判斷，其根據應是經理人對於目前與預期未來經濟環境的瞭解，以及他們對客戶信用價值的認知。

舉例來說，在二〇〇八年經濟衰退時，很多企業完全沒有能力取得任何信用，或者出現各式各樣類似的情況，我們會預期，企業在評估客戶風險時將會大幅提高違約倒債的可能性。但是，因為沒有人能確知未來，某些經理人仍會刻意地高估自家公司的收款能力，因此過度膨脹這個期間的收益。到了最後，實際上的收款可能會比預期中來得更少，這家公司未來必須沖銷（write off）高報的應收帳款，未來的收益也會隨之下降。有些經理人則反其道而行：他們低估收款能力，因此讓本來情況就很糟糕的年度看起來更糟。在這種情況下，當實際上的收款狀況比公司原先預估得更好時，

他們就可以修正自己的「錯誤」，提高未來的收益。不管是哪一種，經理人都能透過這些手法把收益挪到不同期間。

## 交付產品或服務：銷售組合（bundling）如何影響營收

就算你已經收到客戶支付的款項，但是，在你尚未履行該對客戶應負的義務之前，會計規則仍禁止你認列這筆營收；這也就是說，你必須要交付產品或服務之後才能算數。很多時候，這分義務何時算已經了結是一清二楚的事（比方說，當顧客離開零售店面的櫃檯時），然而，有時候，企業會把多種產品與服務組合起來，以單一的售價出售，但會在不同的時間交付這些產品和服務。電腦軟體就是常見的案例之一；軟體產品、客製化、訓練、服務、硬體，再加上更新版本以及其他產品的折價等等，通常會組合成一套一起出售。有這類情況時，會計規則要求你要根據不同的「交付項目」（deliverable）把營收區分出來，只有當完成特定的義務時，才能認列整體營收當中的個別部分。要判斷如何適當地把售價分配到個別的服務上，需要大量的人為判斷，而總營收劃分的方式不同，也會讓公司的營收（以及利潤）數字

大不相同。

　　為了詳細說明這一點，且讓我們來看看蘋果公司（Apple Inc.）和它的商品iPhone。當蘋果銷售iPhone時，實際上組合二種商品：機身以及未來可以獲得免費軟體更新的權利。蘋果公司在銷售當天就交付手機給消費者，但免費的軟體更新是蘋果未來必須履行的義務，是在標準化二年契約期間內要提供的手機服務。當蘋果首次推出iPhone時，會計規則就明文規定公司必須根據實際上的相對售價，將價格分別分到手機以及軟體更新上面。這對蘋果來說是很讓人頭痛的問題，因為他們並不會分開銷售軟體更新。因此，根據規定，即便蘋果在銷售當時已經收取了現金，但會計規則仍禁止這家公司馬上認列任何營收；反之，公司必須把整體的營收平均分攤到手機綁約的二年期間。這是會計上的保守主義案例之一，其中的想法是，寧可較晚認列營收，而不要太早認列。但是，如果太過保守，這表示蘋果提報的營收無法準確地衡量出公司的基本經濟活動表現。

　　二○○九年，會計規則改變了（有一部分理由正是因為蘋果和其他公司大力遊說），現在的說法是蘋果可以開始根據預估的售價來分配營收；所謂預估的售價，指的是如果蘋果真的能獨立出售軟體更新服務的話，他們預估能標上的售

價是多少。蘋果估計，取得更新軟體的權利價值25美元，因此，在銷售日時他們會「保留」這一部分的售價，先不認列為營收，但是其他的部分則馬上認列。這樣一來，蘋果在二〇〇九年認列的營收就比舊制之下高了17%，淨利則高了44%。雖然新規則或許更符合這類銷售交易的基本經濟意涵，但也導致企業更容易操弄營收。這是指，如果蘋果改變對於軟體更新價值的估計（實際上他們並不單獨出售這項商品），就可以挪動隨即可認列的售價以及要遞延認列的營收。經理人的責任，是要慎重地做出這一類的判斷，確保得出的數字可信，並提供扎實穩健的基礎，以利做出適當合宜的決策。

# 費用與獲利能力

營收與成長都很重要，但是，這二項還無法道盡經營企業的全貌。成長和獲利能力兩者不盡相同。如果營收成長，但費用成長的更多，獲利能力就會因此受損。若要能發展並重新建構企業策略，經理人也必須有能力解析成本。哪些成本過高，哪些又控制得宜？利潤太低，是一次性的事件導致費用暫時過高而造成的效應，還是比較屬於系統性的問題？分析成本，可以得到經理人急需的回饋資料，瞭解企業的表現究竟如何。這項資訊極為重要，可讓經理人能判斷該如何把資源配置在必要之處，並決定哪些領域又必須刪減。我們是否應該把現在用的某些材料或服務外包出去？赴海外生產會比較便宜嗎？我們是否應該引入新科技，以降低成本？需要選用新的供應商嗎？我們的利率成本是否已經失控，是否應該考慮重新融資或是償還某些負債？能讓企業如虎添翼更有競爭力的成本策略、推動手段以及可考慮的選項，多如牛毛。在本節中，我們要討論的是用來分析費用的相關技巧。

## 為何分析比率這麼重要？

就和營收一樣，計算總成本的成長，包括成本項下每一個項目的變化，是非常有用的計算。另一項極有用的工具，則是要計算比率。計算比率時，我們是把損益表中的每一項都除以「頂線」，也就是除以營收。這樣下來，每一個項目都會以占營收的比率呈現。

舉例來說，若使用**表3.1**中的數據，我們可以把百事可樂各事業群的營業利潤除以其營收，以計算盈利率（profit margin）❷。以點心食品事業群來說，如果將營業利潤160.8萬美元除以營收968萬美元，這表示1美元的營收會轉換成0.166美元的利潤；換句話說，百事可樂在這個事業群要花0.834美元的費用，才能創造出1美元的營收。在飲料事業群，盈利率為8.4%，大概是點心食品事業群的一半而已。盈利率最低的是餐廳事業，只有4.5%。

把以數字表現的損益表換成用比率呈現，在針對規模完全不同的企業與事業群做比較時特別好用。規模較大的公司，通常每一個項目的數值都比較大，這種規模上的差別，讓人更難以看出費用結構上的差異。事實上，當我們把損益表上的每一個項目都除以營收之後，這個表就有了另一個名

字，變成「共同比損益表」（common-sized income statement）；共同比損益表是從企業原始規模中萃取出來的內容，更能顯現成本的組成要素。

為便於說明，且讓我們從第二章借用艾克森公司的損益表（這就是我們複製在**表3.2**中的第一欄），並在第二欄中以比率表示，將各行的帳目除以營收：

【表3.2】
**艾克森公司損益表 及共同比損益表**

|  | 金額 | 占營收比例 |
|---|---|---|
| 銷貨收入 | $33,000 | 100.0% |
| 銷貨成本 | (20,000) | 60.6% |
| 毛利 | $13,000 | 39.4% |
| 獎酬費用 | (4,000) | 12.1% |
| 折舊費用 | (4,000) | 12.1% |
| 營業收益 | $5,000 | 15.2% |
| 營業費用 | (250) | 0.8% |
| 稅前收益 | $4,750 | 14.4% |
| 所得稅費用 | (1,900) | 5.8% |
| 淨利 | $2,850 | 8.6% |

檢視最右方的那一欄，我們可以知道，要創造$1的營

業額，我們就要花掉$0.606的銷貨成本，這麼一來，只剩下$0.394支付其他成本，並從中創造利潤。這就是所謂的毛利（gross margin）或是利潤毛額（gross profit）。利潤毛額是決定策略時的關鍵指標，據以判定想要生產什麼、需不需要提高價格、成本是不是過高，諸如此類的情形。

艾克森公司在其他營業成本（折舊以及薪資）上又花掉$0.242，只剩下$0.152支付其他的成本。這算下來的結果是所謂的營業毛利（operating margin）或營業利潤（operating profit）。在計算營業毛利時，會將管銷成本（SG&A，selling, general, and administrative cost）納入考量予以扣除，研發成本亦然。與銷貨成本相較之下，營業成本通常沒那麼容易和營收搭配在一起。最後，在每$1的營業額中，利息費用又吃掉了$0.008，所得稅則消耗另外的$0.058，因此，每$1的營業收入創造了$0.086的利潤。

共同比損益表道盡了成本的**結構**；這張表協助我們看清楚成本自去年以來有何變化，也讓我們知道自家的成本和競爭對手有何差別。一如預期，成本結構會因為產業不同而有大幅的差異。製造業和零售業的銷貨成本通常占了非常高的比例。以陶氏化學公司（Dow Chemicals）為例，其銷貨成本占了營收的85%；若看連鎖超商喜互惠（Safeway），這個

項目的比率則是72%。另一方面,如果是服務業,銷貨成本所占的比例就小很多,通常接近於0。達美航空(Delta Airlines)、廣告公司宏盟集團(Omnicom Corporation)以及軟體業的甲骨文(Oracle)等,銷貨成本基本上都是0。負債高的企業通常利息費用也高,可以在低稅率地區提報利潤的企業所得稅費用就低,依此類推。

## 費用的會計議題與衡量議題

請記住,會計規則會影響哪些費用要納入損益表。讓我們來看看銷貨成本。會計系統通常不會記錄每一件商品的成本,然後在出售這一項商品時將其成本認列為費用。反之,會計系統通常是採用比較獨斷的成本流假設,這對於管理者來說比較好管理(而且也有一些稅務上的好處)。

先進先出法(FIFO,first in first out)以及後進先出法(LIFO,last in first out)就是這類系統當中的其中之二。當存貨成本會因為通貨膨脹以及其他因素而隨著時間變動時,在這二種會計做法當中選了哪一種,會造成很大的差異。

在先進先出的系統之下,是假定先購入或先生產的品項會先銷出去,並假定後來購入或製造出來的商品會放在庫存

裏面。後進先出的系統所做的假定則完全相反。因此，在先進先出法的系統下，會把較舊的成本納入損益表中的銷貨成本，將較近期的成本放在資產負債表的存貨項下；後進先出法則剛好相反。不管在會計上是用哪一種做法，企業實際上的經濟狀況是一樣的，但是，會計系統會讓採用不同做法的結果看來不同❸。

　　這和經理人有什麼關係？請細想，如果長期來說成本都是上漲的，那會怎麼樣？在先進先出的系統之下，比較舊的成本會納入銷貨成本的計算，搭配營收以計算毛利。但比較舊的成本比較低，這表示，毛利被虛報了。為便於說明，假設你用 $1 買進一件商品，之後用 $5 賣出，那你的毛利就是 $4。但是，這真的代表你有 $4 可以支付其他成本並創造利潤嗎？如果成本在你購入與出售產品的時間差之間上漲，因此，現在如果要再購入新品要花 $3，那怎麼算？一旦你補充你的庫存，實際上你就只剩 $2 毛利來支付剩下的成本以及創造利潤，而不是之前提報的 $4。當成本上的通貨膨脹率越高以及存貨周轉率越慢時，這個問題會變得越嚴重。我們第四章會討論存貨的流動（周轉）。

　　若使用後進先出系統，會用新的成本（$3）搭配本期營收，並提報毛利為 $2。因此，用後進先出系統算出來的毛利

是最符合時宜的。但是，後進先出系統下的數字會出現另一個問題，當要降低存貨水準時問題就會浮現（比方說，當企業看到產量超過銷量）。當企業預見未來的銷售將走軟，於是縮減生產規模以降低存貨水準時，經常會出現這個問題。出現這種情況時，全年的生產成本都計為銷貨成本，這家公司也必須從期初存貨中抽出一些產品（以及同時認列這些存貨的成本）。在後進先出系統中，這些從存貨中抽出來的產品項目的認定成本，已經很過時了，因此，在成本趨勢長期會成長的前提下，根據較低的舊成本計算銷售這些商品的毛利，就會被嚴重高估。發生這種事時，企業必須在年報的附註處呈報相關情事。這項規定是一種警示，警告投資人當這家公司下一期重新開工生產並開始銷售新生產出來的單位時，不大可能達成如本期這樣的高獲利。經驗老到的財務分析知道要查核這項附註說明；你也要確認自己也做了相關的查核。如果你用其他公司的毛利當成自家公司的基準指標，這一點對你來說，非常重要。同時，你也要確認這些「後進先出清算法下的獲利」，有沒有扭曲你公司的利潤毛額。

## 折舊如何影響損益表

對擁有大量財產、廠房與設備的企業來說，折舊是損益

表上非常重要的費用項目。對多數企業而言，計算折舊費用
時用的都是直線法。雖然直線法很容易計算也很容易理解，
但這種方法不大可能準確地衡量資產長期間真正的減值情
況。事實上，資產不見得每年都會折舊。舉例來說，一棟用
200萬美元買下的建築物，價值可能會上漲，購入五年之後
變成250萬美元。根據國際財務報告準則編製的財務報表，
允許認列這樣的增值，但是，除非你真的出售這棟建物，否
則的話，美國的一般公認會計原則不容許你認列這樣的增
值。根據歷史成本法的直線折舊，會嚴重扭曲企業的績效以
及資產的價值。

### 會計規則以偏頗的立場處理研發以及其他無形項目

　　無形資產以及廣告和研發這一類的活動，會引出一個更
極端的問題。會計規則一般都排除這些項目，不認列為資
產。相反地，這些活動的成本會在發生當期就認列為費用。
這項規則背後的理由，是這些類型的「投資」推測的意味太
過濃厚，很難以可信的方式將成本和利益連結在一起。但
是，顯然地，企業之所以在這些活動上花錢，理由正是他們
相信未來將能從中創造利益。

　　會計規則只管企業如何向股東報告，但並不表示這對你

來說就是最適合用來經營企業的規則。就讓我們來看看，在組織內部立即認列研發費用（或任何其他類型的無形項目）會如何影響企業的動機。如果我們從事研發，利潤馬上就會減少，因為這些成本必須認列為費用。研發創造出來的產品，可能很多年都無法帶來營收。我們（身為經理人者）到時候還會在這家公司，等到創造出收益時被記上一筆功勞嗎？如果不會，那我們一開始有什麼動機去做研發❶？為了適當地激發出正確的動機，就要讓那些花成本的經理人有能有所期待，也能因為創造出來的利益而有功勞。根據把這類投資當成費用的會計系統編製出利潤數字，並用這些數字作為評估績效的根據，無法達成上述目的。

## 非重複性項目

財務分析師花很多時間去做分類，根據項目的重複性或非重複性有多強烈，一一把損益表上的項目分開來。對於經理人來說，這也是一項非常重要的功課，當你要把財務報表當成起點，準備著手預估未來現金流與利潤時，更是如此。損益表在這方面可以提供一些協助；在這張表上，會把「底線」（淨利）分成幾個部分：

- 繼續營業部門之收益（income from continuing operations）
- 終止營業部門之收益（income from discontinuing operations）
- 非常項目（extraordinary items）

　　就算同樣是繼續營業部門之收益，如果用重複性的強烈程度來說，也可以再區分出許多不同的類別。這裏會有出售廠房資產的損益（和銷售核心產品的損益大不相同）、訴訟和解、資產減記（write down），諸如此類的。隨著會計規則越來越採用市價導向，當資產價值隨著時間變動時，可能會出現龐大的「紙上」利得或損失。非常態性損益價值的變化，通常跟時間之間並無相關性，因此，某一期間出現大幅利得或損失，但接下來的期間內很可能就沒有類似的損益。在某些項目中，比方說銷貨成本，會出現某些非重複性的理由，導致成本飆高或降低，比方說，重大的修復成本、因為氣候問題導致投入生產的要素價格暫時上漲，凡此種種。

　　但是，非重複性並不等於完全無關。有很多企業特地輕描淡寫，想要帶過非重複性項目的重要性，當這些項目是成本時更是如此（基於某些理由，企業似乎少有非重複性的營收），而且，如果成本不涉及現金費用時，企業會更樂於隱而不宣。資產減記（比方說減記存貨、商譽或遞延稅負資產

〔deferred tax asset〕）都是常見的案例。

　　舉例來說，昇陽電腦（Sun Microsystems）二〇〇三年時減記了20億美元，他們的執行長試著轉移眾人的注意力，顧左右而言他：「昇陽已經連續三十三季……從營業活動中創造出正值的現金流。……現金為王。」❶同樣的，當通用汽車（General Motors）在二〇〇七年秋天減記390億美元時，據說他們的執行長說：「我認為大家必須擁有會計學博士學位才能瞭解事情的來龍去脈……這完全不會造成任何影響。我要敦促大家對此事不要有過度的負面反應。」❶不管是以上哪一種情況，投資人都不會認同；二家公司的股票因為發佈這些消息而一落千丈。

　　即便是「非現金費用」這類項目，都和估計未來現金流息息相關。欲瞭解這一點，請記住，資產（比方說存貨）是預期能在未來創造出利益（比方說營收）的資源。當我們沖銷該項資產時，也就是說，我們不再期待未來能收取該項利益。因此，我們必須下修對未來預期營收與現金流的預估值。以昇陽和通用汽車這二家公司為例，之後幾年的表現都不大理想：昇陽最後在二〇一〇年由甲骨文收購，通用汽車則必須動用納稅人的血汗錢施以金援。

　　就算沖銷本身不是現金流，但相關的未來利益卻是，而

且和估價密切相關。此外，即便未來不太可能再度發生同樣的特定沖銷事件，但也可能有其他的沖銷行動。如果一家企業沖銷了21億美元的存貨（例如思科〔Cisco〕二〇〇一年時的動作），假定該公司未來每一年都還要繼續沖銷21億美元，是很愚昧的。但是，假定未來該公司再也不會有沖銷這種事，也同樣無知。根據我們對未來發生沖銷事件的機率以及嚴重程度所做的最準確的預估，得出這兩者之間的某個數值，是用起來最合情合理的資訊。

要能有效地針對財務報表進行分析，你必須注重細節並細心查探，以找出什麼才是影響績效的基礎驅動力。這表示你要問對問題，並從字裏行間讀出弦外之音。如果利潤很低，這是因為營收很低、原物料成本高於預期，還是勞動成本比原先設想的更高？至於要採取哪種修正行動，要取決於我們找到的答案。如果我們發現，其中的理由是因為原物料的成本高於預期，那麼，這是因為原物料的價格過高，還是我們使用的物料數量高於預期？如果我們的用料數量超過預期，這是因為這些原物料的品質低落，還是因為我們太過浪費？如果是因為原物料的品質低落，那麼，是所有供應商的情況都一樣，還是只有一家出問題？導致這種情況的原因，未來是不是可能重複發生，因此我們應該修正明年度的預估

數字和預算？在每一個步驟當中，把績效拆解到最基本的影響要素，可以幫助我們找出下一個要問的問題是什麼，以及我們應該檢視哪些地方，並幫助我們判斷要採取哪些行動，才能強化下一期的績效。

---

❾ 在這裏，挑戰之一是要去找到其他公司的詳細數據。在美國，公開上市公司必須提供年報給證管會（或者，在其他國家的話，要提交給類似機構），但，私有股權的企業就沒有義務這樣做了。有幾個網站會針對產業別、不同的經濟活動提供財務數據，也有整體面的標準普爾五百指數，但這些資源也都有限制，使用的都是公開可得的數據。

❿ 企業都會使用營收來衡量成長，但我們任何變數都可以計算成長率，例如利潤、資產、店面數，凡此種種；計算方法很簡單，只要算出該變數長期的變動率即可：

$$\frac{當期數額-前期數額}{前期數額}$$

請注意：若分母為負，計算成長率就無意義，而且，如果前期數額為0，也不能計算成長。營收不會出現這類情況，但是在計算盈餘成長時確有可能發生（因為盈餘可能是負的）。

⓫ 請見 Simon, B., (February 24, 2010), "Japan PM Seeks to Defuse Toyota Friction," *Financial Times*.

⓬ 百事可樂的做法和多數企業一樣，都沒有公開針對每一個事業群

揭露其完整的損益表，因此，我們只能根據他們提供的數據進行計算。就像本節稍後會討論的，營業利潤並不包含利息費用或所得稅，因此，當你在評估這些獲利率的重要性時，一定要記住這一點。

⓭ 先進先出法和後進先出法造成的其中一項實質經濟面上的差異，和稅負有關。當成本上漲時，以後進先出法呈報的收益會比較低；當成本下跌時，則是以先進先出法呈報的收益會比較低。因此，如果一家公司想要減輕稅負，若這家公司屬於成本上漲的產業，那就應該用後進先出法，若屬於成本下跌（例如許多高科技產業）的產業，則應使用先進先出法。但是，這當中有個問題。有少數幾種情況規定企業在報稅時選用的方法必須和向股東提報時使用的一致，這是其中一種。因此，如果企業選擇使用後進先出法以減輕稅負，它提報給股東的收益也會跟著比較低。所以，企業必須選擇哪一件事對他們來說比較重要：是要向股東提報較高的會計利潤，還是要在稅負上確實省到錢。多到讓人咋舌的企業選擇前者；他們顯然相信，投資人和債權人沒那麼老練，不足以理解真正讓他們的盈餘衝高的理由是什麼。關於這個問題，企業財報的附註部分必須要提供足夠的資訊揭露，讓投資人與債權人看個清楚；實證證據認為，當這些人在評估一家公司時，確實會根據這些因素做出必要的調整。

⓮ 實證證據和這樣的說法一致，認為執行長即將屆齡退休的企業通常比較少投入研發。

⓯ Shankland, S., (January 16, 2003), "Sun Charges Lead to $2.3 Billion Loss," CNET News.

⓰ Krisher, T., (November 7, 2007), "GM Posts Whopping $39B Loss for 3Q Due to Charges, 2nd Biggest Quarterly Loss Ever," Associated Press.

第四章

# 如何運用資產與融資資產：資產報酬率、股東權益報酬率與舉債槓桿

**本章重點**

- 營運績效與資產報酬率
- 資本結構與股東權益報酬率

要找出沃爾瑪超市（Walmart）和蒂芬妮珠寶（Tiffany）對比之處，輕而易舉。雖然這兩家公司都是零售業，但業務模式天差地遠。沃爾瑪超市賣的大部分是低價的雜貨、衣物以及家用品，蒂芬妮銷售的則是各式各樣的奢華精品，包括項鍊、婚戒以及禮品。毫無意外的，蒂芬妮的盈利率（profit margin，定義請見第三章）比沃爾瑪超市高多了。以二〇一〇年為例，蒂芬妮每 1 美元的營業額就能賺到 0.131 美元的利潤，沃爾瑪的盈利率則只有 0.042 美元。沃爾瑪要如何競爭？答案是，憑藉他們在業務上投資的資產，沃爾瑪超市可以創造出更高的營業額。事實上，雖然二家公司的經營手法大不相同，但他們二〇一〇年時的資產報酬率幾乎一模一樣。沃爾瑪在運用資產時必須要提升多少效率，才能達到這番成就？沃爾瑪超市和蒂芬妮珠寶在融資資產時的做法也非常不一樣。這二家公司分別的舉債金額，會對這些指標造成哪些影響？

在本章中，我們要學的是，為何瞭解企業用了多少資源來創造利潤是一件很重要的事，以及要改善哪些要素才能增進投資報酬率。

此外，我們還會學到：

- 何謂資產報酬率（ROA）與股東權益報酬率（ROE）？這兩者間又有何關係？

- 為何資產報酬率是重要的營運績效指標？

- 資產報酬率與股東權益報酬率和前一章討論過的盈利率有何關係？

- 何謂加權平均資本成本（WACC）？這個數值如何成為企業的資產報酬率表現基準指標？

- 如何評估你運用應收帳款與存貨等資產的成效？

- 企業融資資產的做法如何影響股東權益報酬率？

- 你承擔的負債為何會加重風險、同時又讓你能運用槓桿創造出更高更亮麗的報酬率？

# 營運績效與資產報酬率

利潤是重要的成功指標，但我們也必須考慮要投入多少資源才創造出這些利潤。比方說，如果一家企業投入了一兆美元，結果賺得了100萬美元，這並不是讓人讚嘆的成果。股東們會期待經理人高效率運用資產。如果一家公司無法利用可得的資源創造出可接受的報酬率，那麼，他們就要重新分配資源，另做他用。如果一家企業找不到更好的資源用途，那麼，他們就應該把資源歸還股東（透過發放股利或是購回股票），讓股東把錢投資在其他地方。

有很多不同的績效指標都可以代表投資報酬率（ROI，return on investment），但我們要從最重要的一項開始：資產報酬率（ROA，return on asset）。正如其名，資產報酬率要反映的，是我們運用資產的成效。在本章的後半部分，我們將會分析融資資產的方式會造成何種影響，然後再把這二項因素合併來看，以說明這兩者加起來會對於公司的股東權益報酬率（ROE，return on equity）造成何種衝擊。一如其名，股東權益報酬率衡量的，是相對於股東的其他投資，這家企業為股東創造的績效有多好。營運績效（代表你有多麼善用資產）以及融資績效（代表你能多麼有效地融資資產）

都會影響到股東的報酬率。能分別衡量這二個指標,以評估自家企業在這二方面的表現,是非常重要的。

我們用以下的公式來衡量資產報酬率:

$$資產報酬率 = \frac{淨利 +（1-稅率）× 利息費用}{總資產}$$

分母是總資產。請回想一下,資產負債表中的等式是**資產＝負債＋業主權益**,因此,總資產代表的是由投資人與債權人貢獻給公司的資源。所以,資產報酬率的分母和資產的融資方法無關,只取決於取得的資產總數。公式當中的分子概念也類似:分子代表的是,還未由債權人(這些人獲得的是利息報酬)以及股東(這些人獲得其他部分)分享的企業利潤。我們在公式中無法單純地使用淨利,因為在計算淨利時已經扣除利息費用了,因此,現在必須把這一筆加回去。**⓱**把利息費用加回去,意義相當於消除公司負債後的收益,財務上的說法是未舉債(unlever)。這個金額,是公司整體資產創造出的收益,還沒考慮到要如何分給投資人和債權人。

未舉債收益＝淨利＋（1-稅率）× 利息費用

你可能會看到，有人把這稱為「企業稅後營業淨利」（NOPAT，net operating profit of the firm after taxes），或是「扣除利息前盈餘」（EBI，earnings before interest）。如果經理人主要的職責性質是營運，也就是說，他們主要負責運用資產，而非融資資產，要評估這些人的績效時，這個指標特別好用。

在計算資產報酬率時還有一點要小心（如果由其他人計算，則是在解讀時要特別注意），那就是要檢查衡量資產時的日期。利益衡量的是一段期間的表現，資產價值看的則是特定時間點上的價值。我們應該用哪一個時間點的資產來和收益數字相比？最好是選用期間內的平均餘額，因為這樣一來就可以調節期間內資產有新增或減少的問題。如果公司創造出的未舉債收益是 $1,100，平均資產餘額是 $5,500，那麼，資產報酬率就是以 $1,100 除以 $5,500 等於 20%。

## 資產報酬率的基準指標：加權平均資本成本

20% 的資產報酬率，稱得上表現良好嗎？適當的基準指標是什麼？就像在第三章中討論過的，我們可以把公司當期的資產報酬率拿來和前期的數據相比較，或是拿來和同一期

間內其他企業賺得的資產報酬率相比。然而，就資產報酬率來說，還有一個本來就有的基準指標：投資人**預期**在市場中要賺取的報酬率。這也就是說，投資人期望風險相當的投資能賺到的報酬率是多少❸？債權人和股東這二種人能主張的企業利潤權利性質不同，因此，權利當中的風險也就不同，故而，他們因為承擔風險而堅持要賺取的溢價也就不一樣❹。所以，我們會談到公司的債務資本成本、股票資本成本以及加權平均資本成本（WACC，weighted average cost of capital，音同whack〔中文有「分配」之意〕）；最後一項是前兩者的綜合。

在計算資產報酬率時，我們衡量的是企業的總投資。這些資產有一部分是由債權人提供資金，有一部分則是股東的貢獻，因此，適當的基準指標應該把這二群人要求的報酬率予以加權。為便於說明，假設我們的資產以債務和股票融資的比率各占一半。如果我們必須為了債務支付8%的利息，而且稅率是35%，那麼，稅後的債務成本就是5.2%。假設由股票提供的資本成本為12%。（我們稍後會再詳談這一部分。）那麼，加權平均資本成本就是$0.5(0.052) + 0.5(0.12) = 0.086$，也就是8.6%。平均加權資本成本是很好的報酬率指標，適合用來和公司已實現的資產報酬率相比較。因此，

在本例中，20%的資產報酬率是很出色的表現！

請記住，加權平均資本成本長期下來會隨著通貨膨脹的變動而改變，不同企業的加權平均成本也不同，更不用說不同產業之間會有差異，因為各產業要面對的風險大大不同。同樣重要的是，要記住加權平均資本成本僅適用於整個公司，不一定可用在公司內的不同事業群。尤其是，如果事業群的風險不同，風險較高的事業群就應該要接受較高的標準，創造出更高的預期報酬率。

## 改善資產報酬率

如何才能提高資產報酬率？不管運用哪一種策略，說到最後，要嘛就是要利用既定數量的資產創造出更高的利潤，要嘛就是在創造出同樣的利潤時減少需要用到的資產數量，或者兩者皆有。這會涉及到評估公司資產報酬率的各項元素，以判斷哪裏有改進的空間，並評估在運用特定資產群組時的效率。在極端的情況下，這可能代表必須處分或出售無法創造出足夠報酬率的資產。比方說，當百事可樂在一九九○年代中期，做出策略性企業重整的決策時，前三年點心食品事業的資產報酬率很高（17.2%），但飲料和餐廳業務的

資產報酬率卻很低（分別為 7.5% 和 5.2%）。百事可樂判定飲料事業群的報酬率還有提升的空間（這個事業群的劣勢都出現在北美市場以外），但決定要處分餐廳業務部分。

若要更詳細說明如何提升資產報酬率，我們可以把這個指標分解成以下二項基本的驅動因素：

**資產報酬率＝盈利率 × 資產周轉率**

第一項是盈利率，這裏用的盈利率是以未舉債收益除以營收（譯註：因為這裏要算的是資產報酬率，所以用的是「未舉債收益」，而不是如第三章所說的是用「淨利」。但因為作者使用同樣的名詞「盈利率」，為有區別，也為了避免讀者混淆，特此說明），本質上，和我們在上一章中討論過的是一樣的：我們從 $1 的營收當中創造出多少利潤？第二項，資產周轉率（asset turnover）等於營業額除以總資產，這是一個新的因素，代表的是我們利用 $1 的資產創造出多少的營業額。這二個因素會以相乘的方式交互作用（而不是相加）。也就是說，只要小幅改善二個因素，就可以轉化成更高的整體資產報酬率增幅。

在針對不同的公司或事業群比較這些指標時，有一部分的差異會來自於他們專精生產產品的特性不同；舉例來說，奢侈品的加價通常比較高，但是周轉率就比較低。另一部分

的差異，則來自於產業的競爭激烈程度，比方說，激烈的競爭就會把加價往下壓。還有些部分的差異，代表的則是企業自身的策略性選擇。其他的則涉及企業在面對競爭環境中執行策略的成效如何。

這樣的架構也讓我們可以小心計算，知道若出現魚與熊掌不可兼得的情況時，應如何取捨這二項因素。本章一開始談到的沃爾瑪超市和蒂芬妮珠寶案例，正可以說明這一點。在表4.1中，我們分別列出了蒂芬妮珠寶與沃爾瑪超市二〇一〇年的盈利率、資產周轉率以及資產報酬率。

【表4.1】
**蒂芬妮珠寶與沃爾瑪超市之資產報酬率及其決定因素比較**

|  | 盈利率 | 資產周轉率 | 資產報酬率 |
|---|---|---|---|
| 蒂芬妮珠寶 | 13.1% | 0.85 | 11.2% |
| 沃爾瑪超市 | 4.2% | 2.40 | 10.1% |

就像我們在本章一開頭時提過的，以1美元的營收為例，蒂芬妮能夠創造的利潤是沃爾瑪的三倍多。而沃爾瑪1美元資產能創造出來的營收較高，但是，這還不夠彌補盈利率太低的差額。如果沃爾瑪1美元的資產可以創造出2.66美元的營業額的話，那麼，其資產報酬率就會達到和蒂芬妮珠

寶一般的水準。

　　前一章所有的提高盈利率分析以及討論，在此也都適用，都有助於拉高資產報酬率。在後面幾節當中，我們將會探討如何衡量與提升特定資產的效率，並將會持續拿沃爾瑪超市和蒂芬妮珠寶來做比較。

## 特定資產的周轉率

　　若想要進一步深究這些指標，有一個很有用的方法，就是計算特定資產的周轉率（有時這也稱為效率指標）。二種最常見的應用，是針對應收帳款和存貨進行計算。

### 應收帳款

　　應收帳款周轉率這個指標，是用來衡量你收取應收帳款的速度有多快。這個指標的定義如下：

$$應收帳款周轉率 = \frac{營收}{平均客戶應收帳款}$$

　　舉例來說，假設一家企業的營收是 $1,095，平均應收帳款餘額是 $90。我們在計算周轉率時用的是應收帳款總額，

而非資產負債表上出現的應收帳款淨額（譯註：應收帳款總額－備抵呆帳＝應收帳款淨額）。在本例中，應收帳款周轉率是$1,095除以$90等於12.167，也就是每年12.167次。這個指標的解讀如下：

當我們完成一筆$90的賒銷交易，我們向客戶收錢，然後又再進行一次$90的賒銷交易，然後收錢，依此類推；當年創造出的營收為$1,095，代表銷售後收款的循環到年底前必須重複12.167次。換句話說，應收帳款轉為現金的次數是每年12.167次。

同樣的，我們可以用365除以這個數字（譯註：也有人主張以360天作為分子），得出的結果告訴我們平均要花多少天才能收取應收帳款：365除以12.167等於30，單位為天。這個公式得出的數值稱為應收帳款周轉天數（days receivables），或是應收帳款流通在外天數（DSO，days sales outstanding）。另一種解讀是，公司每多銷售$12.167，就要多投入$1的應收帳款。預測未來營運資本（working capital）需求時，這是很有用的資訊。

在計算這個比率時，我們使用的營業額同時包括了現金交易與賒銷，因此，不同的現銷與賒銷組合，會影響應收帳款周轉率。二〇一〇年時，沃爾瑪超市的應收帳款周轉天數

約為4天，喜互惠超市則約為5天，因為他們的銷售幾乎都是銀貨兩訖，正好說明了這一點。這裏說的現銷，指的包括以現金、支票和金融卡進行的銷售，這些（基本上）全部都視為現金銷售。若有一位客戶以威士卡（Visa）付錢，對企業來說，這也等同於現金銷售（但以威士卡交易要支付一筆小額手續費）；擁有應收帳款而且要承擔對方不付錢的風險的是威士公司。但如果是這家企業自己的發行信用卡，他們就會記錄一筆應收帳款，並必須等到客戶付錢才能認列。蒂芬妮珠寶的賒銷比例較高，他們的應收帳款周轉天數也因此較長，大概稍高於20天。如果現銷和賒銷的組合內容有變，這個衡量指標也會隨之變化。梅西百貨（Macy's）從二〇〇〇年代中期一直自行管理企業本身發行的信用卡應收帳款，在那一段期間，他們的應收帳款周轉天數是40天。他們現在還是有以自家企業為名發行的信用卡，但大部分的業務運作都外包給第三方。結果是，他們的應收帳款周轉天數降至5天。

在某些產業，大部分的銷售都是對其他企業，而不是面對終端客戶，在這類情況下，多數的交易都是以賒銷進行。以陶氏化學公司為例，二〇一〇年時，其應收帳款周轉天數將近60天。有些產業的應收帳款期間會更長：福特信貸

（Ford Credit）超過200天（此公司承作汽車貸款），承作房貸業務的金融機構，其應收帳款周轉天數甚至會超過十年。

　　在理想狀況下，我們在計算應收帳款周轉天數指標時只用賒銷的金額就好，這樣計算下來的數字代表的就是企業要花多少時間收款，之後，我們再拿這個數值和公司給客戶的信用條件來做比較。我們要找的是收款時間上按年比較時出現的重大變化，或是和競爭對手相差太多的收款期間。應收帳款周轉天數越長，代表收款時間愈長，客戶倒債違約的風險也就愈大。收款時間長，也是代表營收被誇大的指標，因為企業通常無法快速收取虛構銷售交易的款項。我很想說，我們的目標應該是盡量減少應收帳款周轉天數，因為這樣一來我們就可以更快拿到錢，也可以把錢再投進企業經營當中；也有可能的情況是，我們可以對應收帳款收取高額的利息，所以，也樂得不要這麼快拿到錢。還有，為客戶提供更有彈性的信用條件，或許也可以幫助我們創造更多營收。我們必須判斷，更高的營收值不值得我們去冒更高的對方不付款風險，並接受更長的收款時間。

## 存貨

　　我們可以用相同的方法處理存貨，計算存貨售出的速度

有多快。我們把存貨周轉率定義如下：

$$存貨周轉率 = \frac{銷貨成本}{平均存貨}$$

請注意，我們是把存貨拿來和銷貨成本相比較，而不是營收，因此，這裏出現的分子和分母都是成本項。以這種方法來計算比率，就不會把存貨出門的速度和盈利率搞混。就和應收帳款周轉率一樣，我們可以每年幾次為單位來表達這個數字，也可以用我們要花幾天才能產出並銷售存貨來表示。一如預期，沃爾瑪超市與蒂芬妮珠寶的存貨周轉率完全迥異：沃爾瑪超市每年周轉存貨超過9次，蒂芬妮珠寶則需要一年多才能轉動一次存貨。

在檢驗存貨周轉率時，我們要找的，是相對於過去或相對於競爭對手，是否有存貨周轉率大幅下降的情況。導致存貨周轉率嚴重下降的可能理由，包括市場對我們的產品需求大減、產品已經過時與（或）不合時宜，或是在生產面上出現問題。這些問題最後都會導致銷售的盈利率下降，或是因為必須減記存貨或丟棄存貨而出現損失。

我們也可以更深入探究存貨的組成要素（包括原物料、在製品以及已經完成的貨品存貨），以判定零件要閒置多久

才會派上用場、需要多久的時間才能完成生產流程，以及要花多長時間才能把完成品銷售出去。

最後，我們把應收帳款周轉天數和存貨周轉天數加起來，得出所謂的企業營運週期（operating cycle）：

**營運週期＝應收帳款天數＋存貨周轉天數**

這個指標衡量的是生產並銷售存貨、然後收取營業收入款項需要的平均時間。這就是我們投資的金錢要放在生產與收款週期當中的時間。沃爾瑪超市的營運週期僅有44天，蒂芬妮珠寶則是463天，足足比沃爾瑪長了十倍有餘！

## 資產的會計議題與衡量議題

計算資產報酬率時，在最理想的情況下，分母的總資產數應是能準確代表資產創造利潤潛力的指標。但是，當我們使用會計帳面價值以衡量資產時，基於幾個理由，會導致計算有點問題。這些問題會扭曲我們計算出來的資產報酬率數值，提供會誤導人的資訊，讓我們無法真正瞭解企業到底有沒有妥善利用受託的資產[20]。

如果一家公司用的是後進先出存貨成本計算法，就很可

能出現一個問題。在這種情況下，存貨的帳面價值有可能非常過時（有時候甚至已經過時幾十年）。通常，這表示以後進先出法算出的存貨成本值太低（譯註：前提為存貨成本長期看漲），導致計算出來的資產投資報酬率過高。企業必須要在年報的附註中提報存貨的當期成本，一般說來，這是比較適合用來計算真實資產報酬率的數值（也比較適合用來計算存貨周轉率）。

財產、廠房與設備的帳面上估價，計算時通常是以最初的購入價格減去累積折舊。資產的真正經濟價值通常都比帳面價值高得多，尤其是土地和建物。所以說，以資產的帳面價值來計算資產投資報酬率，算出的數字顯然比真實情況高很多。這就是為何經理人都喜歡那種在會計上已經折舊完畢、但是都還能使用的資產。這些資產創造出的資產投資報酬率極高，但理由是因為其資產價值基準極低。經理人常常抱著這類資產不肯放手，因為一旦他們汰舊換新，資產價值基礎就會提高，他們的資產投資報酬率也就隨之下降。這種報酬率降低並非經濟決策不當的證明，而完全是會計上的人為因素。以下將詳談這一點。

以資產的帳面價值來計算資產報酬率，碰到無形資產時會出現更多問題，因為這些無形資產很可能根本未出現在財

務報表的資產項下。但是，它們很可能是對營收貢獻最力的主要驅動因素。舉例來說，二〇〇九年時，可口可樂公司創造出來的資產報酬率是15.9%，是會讓人肅然起敬的報酬率。但是，這個數值的基礎是他們資產負債表中提報的平均資產價值，總共為450億美元。就像我們之前討論過的，可口可樂公司的資產負債表中並未計入品牌價值，可口可樂的品牌價值預估有700億美元。如果我們把這個數值納入他們的資產基礎，可口可樂的資產報酬率瞬間暴跌到6.2%，這個數字就沒那麼讓人讚嘆了。如果我們在計算績效指標時不想辦法衡量這類無形資產，那麼，我們到底有沒有把工作做好、得以保有（甚至增進）無形資產的價值，那就很難說了。

在我們結束本節之前，很重要的是要強調像資產報酬率這類的績效指標反映的，只是單期的績效而已。某一年的績效不彰，並不表示我們就應該完全拋棄整套策略。當一家公司執行涉及大量投資的新策略時，資產投資報酬率在最初期下跌，是極為常見的情況。這是因為，通常要先投資才會有報酬，而且經常一等就是好幾年。就算我們可以在損益表上延遲認列投資成本，一直等到收益出現時才承認，但是，資產負債表上也會出現投資成本。因此，當我們計算資產報酬

率時，這些投資成本還是會出現在分母。一開始還沒有出現報酬，因此資產報酬率會下跌，一直要等到終於實現投資利益才會好轉。如果我們要做出對企業而言最好的策略，在檢視績效時就要把目標放得長遠，不要那麼短視近利，一年一年去看（或者，更糟糕的是，每一季每一季去看）。

# 資本結構與股東權益報酬率

到目前為止，我們討論了資產投資報酬率以及當中的決定因素。請記住，這個報酬率是所有資本貢獻人都可以共享的：投資人和債權人都可以分一杯羹。股東可以從中分得多少？答案取決於這家公司的資本結構；也就是說，其債權與股權如何組合。債權人為公司提供一部分的資本，讓公司用來購置資產。回過頭來，這些資產創造出來的收益，有一部分會以利息的形式回到債權人的口袋裏；股東得到剩下的部分。股東獲得的報酬和他們投資公司的金額相比的比率，我們稱之為這家公司的股東權益報酬率，其定義如下：

$$股東權益報酬率 = \frac{淨利}{股東權益}$$

在這裏，衡量獲利能力的指標是淨利，這是要交給股東的報酬。同樣的，衡量投資的指標則是股東提供給公司的資金（即股東權益）。就像在處理資產報酬率時一樣，比較好的做法，是用整個期間內的平均餘額，以便將整段期間內股東投資的流入流出納入考量。

## 股東權益報酬率的基準指標：權益股本成本

要用什麼相關的基準指標來衡量何謂可接受的股東權益報酬率？會計帳上沒有明確指出哪些款項項目是要付給股東的，因此，常有一個錯誤的觀念認為權益股本（equity capital，企業依法籌集並長期擁有、自主支配的資本，例如：實收資本額、發行股票等）是免費的，這真是大錯特錯；拿來和股東權益報酬率比較的，是投資人在市場上從事其他風險相當的投資可得的報酬率。由於債權人可先於股東求償，因此，股票權利比債務權利的風險更高。股票投資人會要求更高的報酬，以彌補這項風險差，這也就是說，權益股本比債務股本的成本更高。這意味著股東權益報酬率的基準指標一般來講會高於加權平均資本成本。

如何從股東的觀點來衡量風險？這一點眾說紛紜，不像討論債權人風險時那麼一致。其中一個最廣為使用的方法稱為資本資產定價模型（CAPM，capital asset pricing model），其基本概念是有些風險可以分散，有些則否。可分散的風險，是指藉由持有廣為分散的各家公司股票投資組合，股東可以大幅降低（甚至完全消除）的風險。因此，市場不會對這些風險定價；企業的獲利若受到這一類的風險或不確定性

影響，股東投資這些公司時也不會要求獲得額外的溢價。

比方說，來看看交通運輸產業因為油價不確定而面臨的風險，例如航空業。高油價會傷害他們的獲利，但低油價會助其一臂之力。這樣的風險對於交通運輸企業裏的經理人來說可能很重要，但是，從其股東的觀點來看，這就沒有這麼重要了。原因在於，股東可以輕易地降低自己在這類風險當中的曝險程度，他們只要持有由交通運輸公司和石油業者股票組成的投資組合就好了。不管油價是漲是跌，其中一群的獲利將會抵銷另一群的損失。分散投資可以降低風險曝險度這個概念，是「千萬別把雞蛋放在同一個籃子裏」這類投資忠告背後的驅動力。

哪些又是不可分散的風險？最極端的案例是，一家企業的獲利會隨著每一家其他企業而變動的部分，也就是說，你的企業獲利隨著整體經濟起伏而變動的部分。獲利在景氣熱絡時大幅上漲、經濟衰退嚴重下滑的企業，被視為高風險的企業。投資這些企業對於分散投資人的投資組合風險並無太多助益，因為這類企業和他持有的其他類股同漲同跌[21]。另一方面，若一家企業的財富漲跌幅度不像市場整體變化這麼劇烈，這家公司就會被視為風險沒那麼高。黃金、無酒精飲料、公用事業，都是比較不受整體經濟環境變動影響的產業

案例。

## 比較資產報酬率與股東權益報酬率

要如何把資產報酬率（ROA）和股東權益報酬率（ROE）拿來做比較？如果一家公司沒有負債，這二個值將會一模一樣。但是，如果公司有舉債（那就會有利息費用），股東權益報酬利可能高於、也可能低於資產報酬率。就像我們將會看到的，這兩者的關係取決於：

（一）相對於為了取得資產必須支付的利息費用，這家公司利用資產能賺到的利潤有多高？

（二）這家公司舉債額度有多高？

這些效果，我們稱之為可以歸因於舉債槓桿的效果。槓桿（leverage），就像這個詞在物理上的用法一樣，有時候也會放大某些效果。槓桿會讓好光景更好，但也會讓劣勢更糟。我們就用以下的案例來說明：

甲公司和乙公司的資產一模一樣，而且賺得的報酬率也相同。但是他們的資本結構不同，乙公司的舉債幅度較高。

|  | 甲公司 | 乙公司 |
| --- | --- | --- |
| 總資產 | $8,000,000 | $8,000,000 |
| 總負債 | $2,000,000 | $4,000,000 |
| 總權益 | $6,000,000 | $4,000,000 |
| 總資本 | $8,000,000 | $8,000,000 |
| 債務利率 | 10% | 10% |

　　現在，讓我們來看看，如果標的資產的獲利能力有變，那將如何。我們要考慮的是，如果我們把資產（稅前）報酬率從5%變成10%、再變成15%，會對甲公司和乙公司造成什麼樣的衝擊。具體來說，我們要檢視的，是這二家公司的淨利和他們的股東權益報酬率。

　　我們將會詳細地說明第一個案例（當甲公司的資產報酬率為5%時），其他的情境都很類似。如果甲公司以800萬美元的資產賺進5%的稅前報酬率，這代表其營業淨利為40萬美元。他們必須從利潤當中支付利息費用，金額為200萬債務的10%，這樣一來，利息費用就增加了20萬美元。稅前收益現在只剩下20萬美元。若稅率為35%，那麼，他們必須支付7萬美元的稅金，股東能分享的淨利就剩下13萬美

元。股東投入的資金是600萬美元，因此他們的股東權益報酬率為2.2%。請注意，利息費用項目會出現在所得稅費用項目之前，因為利息費用可抵稅。

如果甲公司的資產賺得的報酬率更高，那麼，公司的營業收益也會隨之增加，但是利息費用卻不會因此改變。所有額外的收益都會落入股東的手裏（這裏指的是額外收益減去稅金後的淨利）。至於乙公司，計算過程很類似，唯一的例外之處，是乙公司的利息費用較高，因為這家公司的舉債金額較高。因此，在每一種情況下，乙公司的淨利都比甲公司更低。我們也可以合理地推測，乙公司的債務利率應該比甲公司更高，這會讓乙公司的淨利更低。而乙公司由股東提供的投資金額也比較低。就像我們看到的，在情況最糟糕的時候，乙公司的股東得不到任何報酬，但是，在最好的情況下，他們卻比甲公司的股東獲利更豐：

| 對甲公司造成的影響 | 稅前資產報酬率 ＝5% | 稅前資產報酬率 ＝10% | 稅前資產報酬率 ＝15% |
|---|---|---|---|
| 營業利益 | $400,000 | $800,000 | $1,200,000 |
| 利率為10%時的利息費用 | 200,000 | 200,000 | 200,000 |
| 稅前淨利 | 200,000 | 600,000 | 1,000,000 |
| 稅率為35%時的所得稅費用 | 70,000 | 210,000 | 350,000 |
| 淨利 | $130,000 | $390,000 | $650,000 |
| 股東權益報酬率 ＝淨利／權益 | 2.2% | 6.5% | 10.8% |

| 對乙公司造成的影響 | 稅前資產報酬率 ＝5% | 稅前資產報酬率 ＝10% | 稅前資產報酬率 ＝15% |
|---|---|---|---|
| 營業利益 | $400,000 | $800,000 | $1,200,000 |
| 利率為10%時的利息費用 | 400,000 | 400,000 | 400,000 |
| 稅前淨利 | 0 | 400,000 | 800,000 |
| 稅率為35%時的所得稅費用 | 0 | 140,000 | 280,000 |
| 淨利 | $0 | $260,000 | $520,000 |
| 股東權益報酬率 ＝淨利／權益 | 0.0% | 6.5% | 13.0% |

現在，讓我們把表格中的數字呈現在圖4.1中。斜率比較小的線代表甲公司（舉債幅度較低的公司）的資產報酬率，比較陡峭的線則代表乙公司（舉債幅度較高的公司）的資產報酬率）。

我們可以從圖示與計算當中得知哪些資訊？如果一家公司的資產報酬率等於其要支付的債務利率（在本例中為稅前10%，或者稅後6.5%），那麼，這家公司的負債額度（或者說是其採用的槓桿幅度）就不重要。這家公司以舉債取得資金而購入的資產，創造出來的所有額外收益都會回到債權人

【圖4.1】
**財務槓桿對於股東權益報酬率造成的效應**

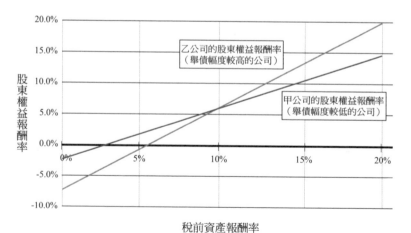

稅前資產報酬率

身上，一毛錢都不會留給股東。

　　但是，如果這家公司利用資產可以賺到更多利潤，超過因為負債要付出的利息，那麼，公司的股東權益報酬率就會高於資產報酬率。股東不需要再貢獻其他的投資，就可以保有額外的利益，因此，他們的投資報酬率會上漲。此外，這家公司的負債金額越高，此時的差異就越明顯。乙公司（舉債幅度較大的公司）此時的股東權益報酬率表現就比甲公司為佳。

　　從另一方面來看，如果不幸一家公司用資產賺到的收益還不足以支付債務的利息，那這家公司的股東權益報酬率就會低於資產報酬率。現在，股東必須捐出自己一部分的報酬，以償付答應要付給債權人的報酬。在這種情況下，公司舉債金額越高，股東的處境就越糟糕。乙公司此時的股東權益報酬率就比甲公司更糟。

　　這些結果代表的重大隱含意義之一，是高槓桿舉債拉高乙公司股票的風險，超過甲公司。我們可以從三方面看出這一點：

　　（一）乙公司一開始要補的洞就比較大。意指這家公司要支付的利息成本有40萬美元，但甲公司僅有20萬美元。

（二）乙公司必須要比甲公司賺到更高的稅前資產報酬率，才能損益兩平（賺得的利潤為0）。我們在第五章中會更詳盡地討論損益兩平點。

（三）乙公司的股東權益報酬率對於其營業收益和資產報酬率的變動更為敏感。

因此，投資人和債權人會使用各種不同的槓桿比率，比方說債務權益比（debt-to-equity ratio）或是債務資產比（debt-to-asset ratio），當成他們最重要的幾種風險與財務壓力預測指標。在其他條件相同之下，槓桿比率高的公司必須支付更高的利率，才借得到錢。

## 要舉債多少？

你要如何決定應該舉債多少？顯而易見的是，負債有缺點：負債會提高破產的機率。那好處呢？負債的好處之一，是你為了債務而支付的利息費用是可抵稅的。反之，公司以股利或買回股票的形式發放給股東的報酬，是不能抵稅的。適用低稅率的組織（非盈利事業、虧損龐大的企業，諸如此類）不會從負債當中得到太多稅負上的好處，因此他們不會

大量運用負債來進行融資。擁有相對安全現金流（波動性低）的企業，就有能力多借一點錢，因為他們遇上真的很嚴重的困境、最後導致違約倒債的風險極低。在過去費率受監管時期的公用事業，便是一例。最後，如果企業擁有的資產大致上都是有形資產，這類企業通常會多借點錢。原因是，一旦發生借款人違約，放款人可以控制或收回這些有形資產。放款人很難擁有無形資產，像商譽這類資產尤其不易。能夠持有資產，為放款人提供額外的保障，也會降低利率，拉低他們想要賺取的合宜報酬。利率越低，就會讓借錢這件事對企業而言變得更有吸引力。

　　槓桿是一把雙面刃。這可以是賺得鉅額報酬的方法。如果你透過大量舉債來取得收購資金，買下一家公司並提升這家公司的資產報酬率（也就是使用資產的效率），就可以擴大你的報酬。這是槓桿式收購（LBO，leveraged buy-out）背後的原理。許多避險基金就大量運用負債，把這當成策略的一環。另一方面，槓桿比率高的企業，也是最容易受到經濟景氣下滑影響的企業。他們沒有足夠的股權緩衝，一旦銷售減緩，就無法吸收損失。

## 債務的會計議題與衡量議題

有些企業會想辦法愚弄投資人，鑽會計上的漏洞，想要把負債從資產負債表上移走，好好隱藏起來。這稱為資產負債表外融資（off-balance-sheet financing）。他們這麼做，好讓負債權益比看起來低一點，創造出公司的處境不像實際上那麼危險的印象。他們寄望這樣做能讓公司以較低的利率借貸，低於實際風險適用的利率。

一直以來，租賃是企業嘗試把負債挪出資產負債表外時常用的手法。要買或要租的決策很複雜，涉及眾多因素。租賃通常是較有彈性且較平價的取用資產方法，短期來說尤其如此。但，長期間不斷更新短期租約的做法很昂貴，成本會高於直接購入資產。在設計租賃契約時，稅負以及由誰承擔標的資產過時以及市價變化的風險，也是重要的考量。然而。在做出租賃決策以及設計租賃契約架構時，不會僅根據上述這類商業因素，因為會計因素在租賃上也扮演重要角色。會計規則允許某些類型的租賃可獲得優惠待遇，比方說所謂的營運租賃（operating lease）。特別要提的是，根據租賃契約在未來必須支付款項的義務，不需要以負債之姿出現在企業的資產負債表上。因此，企業用盡心思把租賃變成合

法的營運租賃，讓付款義務無須出現在資產負債表上。也因此，過去幾年來，我們看到大量的營運租賃出現。

聰明的投資人和債權人對這樣的把戲心知肚明，因此，他們會回過頭來花下大筆的時間，把這些義務加回帳上，然後才開始細細分析數據，以評估企業的信用價值。從社會整體來看，這種「你藏我找」的遊戲不太有效率。還好，會計規則終於省悟到這類詭計，因此把更多的租賃「放入帳上」。一旦新的規則生效，租賃決策的會計效應將會越來越不重要（但願如此），企業更能根據實際商業效果來做決策。

在破產檢查人近期針對雷曼兄弟（Lehman Brothers）公司提出的報告中，讓金融機構（很多其他企業可能也有涉及）用來把負債移出資產負債表的詭計曝了光。這套手法濫用的，是資產負債表代表的是企業在特定日期的財務狀態這一點。舉例來說，年報上會出現的，僅有我們在十二月三十一日仍持有的負債金額。假設我們在十二月二十九日出售一些資產，利用這筆收益在十二月三十一日前償還一些負債，那麼，我們利用十二月三十一日的負債餘額算出來的舉債槓桿比率就會下降，企業看起來就不像實際上這麼高風險。之後，我們可以反轉這些交易，比方說，在一月三日時讓負債

恢復到正常的水準，只要我們在下一個期間的期末之前可以再度買回，這些負債就不會出現在資產負債表上。這種做法雖會造成誤導，但完全合法。

雷曼兄弟這家公司就是嘗試這麼做，但他們並沒有真正出售資產然後再買回來。具體來說，他們是用證券作為抵押，從事一種名為附買回（這是附買回交易〔repurchase agreement〕的簡稱）的複雜借貸交易。這麼做時，他們可以鑽會計漏洞占到便宜，因為會計規則規定，如果你在附買回交易中多提供一些抵押品，這在會計上可以當成就像你賣掉這些證券、但持有可以買回它們的衍生性金融商品契約一樣。提供多過必要程度的抵押品以得到貸款，除了在會計上獲得上述的有利待遇之外，別無其他合理的商業理由。這樣做是否合法，仍有待法院判定。

為盡量降低被捲入這類爭議（以及訴訟）的風險，你應該要時時自問，用特定的方式來設計交易或契約要達成的商業目的是什麼。如果基本上的答案是沒有，你這樣做只是因為可享有會計上的優勢，或是因為這能讓你的數據漂亮一點，那麼，你可能會想要再想一下，思考這是否確實是正確的做法。

在本章中，我們發展出一套架構，以瞭解影響財務績效

的因素，以及這些複雜的因素彼此如何交互作用。我們也說明了股東的投資報酬率（也就是股東權益報酬率）是企業資產營運績效的函數，也會受到企業融資績效影響（企業融資以其槓桿比率來衡量）。資產的營運績效（以資產報酬率來衡量）可以進一步分解，拆成資產周轉率以及營收的盈利率。這一點，把本章的分析和我們在上一章中的說明連在一起；在第三章中，我們著眼的是盈利率。我們也說明了如何衡量資產運用的效率。最後，我們說明了多舉債的成本與益處，以便從中判定企業最佳的資本結構應該如何。

---

⓱ 在把這筆費用加回去時，我們必須要很小心，因為利息費用可抵稅，而且，之前計算出來的數字是稅後淨利。假設一家公司賺得的淨利為 $1,035，並支付了 $100 的利息費用。顯然，這筆費用會讓稅前淨利減少 $100，但是，同時也會讓稅負減少 $35（假設適用的稅率為 35%）。因此，利息費用在計入所得稅之後的影響僅有 $65，或者是（1－稅率）乘以利息費用。就此可以算出，這家公司在扣除利息之前的收益是 $1,035 再加上 $65，等於 $1,100。

⓲ 就算是零風險的投資，投資人（不管是債權持有人還是股票持有人）都會希望，獲得的報酬率至少能讓他們彌補預期的通貨膨脹。雖然自二〇一一年以來的政治發展有變，導致很多人開始質疑就算是由美國政府背書的證券，都還有違約的風險，但一直以

來，基本的報酬率都是以美國公債利率馬首是瞻。投資人之後會在這個基本報酬率之上再加上溢價，以補償他們承擔的風險。

❶⓳ 當債權人把資金借貸給企業時，企業會允諾事先約定利率（比方說5%）。不管借款人的績效有多好，他們支付給放款人的利息，都不會高於貸款時約定的金額。因此，放款人的報酬會有上限，不可能比約定的利率更高。然而，借款人有可能違約倒債，這樣一來，放款人能收到的報酬，就會低於講明的利率（在極端的情況下，甚至什麼也沒有）。這表示，如果有違約的可能，放款人的預期報酬率不會超過對方允諾的5%。違約的機率越大，放款人預期的報酬率就越低。為了讓放款人願意把錢借給風險較高的借款人、同時還能賺得可接受的預期報酬率，放款人必須要求更高的利率（只有當借款人有償付能力時才會支付），以抵銷若借款人發生違約時放款人要承擔的風險。因此，一家公司的債務成本和該公司的現金流、以及這筆貸款的違約機率直接相關。市面上有很多評等機構如穆迪（Moody）、標準普爾（Standard & Poor）和惠譽（Fitch），這些公司專門分析債券，並根據其風險加以分類。

⓴ 這是另一個要把這些比率拿來和過去或競爭對手相比的理由。如果會計上的偏差長期下來都一樣或者對不同的企業來說都很類似，相對性的比較就可以沖淡偏差，讓我們看出是否真的有所改善。

㉑ 金融專家找到一種方法，可以衡量投資標的對於整體市場變動的敏感度，稱為 $\beta$ 係數。如果整體市場（比方說，以標準普爾五百指數為代表）上漲或下跌1%，$\beta$ 係數為1的公司，也會變動1%（而且方向相同），$\beta$ 係數為2的企業，通常的變動幅度會加倍，$\beta$ 係數為0.5的企業，則僅有一半。$\beta$ 係數越大，代表你的利潤對於整體市場的變動越敏感，市場的看法就會認為你的風險較高。

因此，投資高 $\beta$ 係數公司的股東會要求較高的投資報酬率，以彌補他們承擔這項風險。那麼，一家公司的權益股本成本，就等於無風險利率（即公債利率）再加上這家企業的市場相關風險溢價。整體市場的 $\beta$ 係數為 1，從歷史資料來看，創造出來的溢價大概比無風險利率高了 5%。$\beta$ 係數為 0.5 的公司要付出的溢價，就是無風險利率再加上這個值的一半，也就是 2.5%，依此類推。

# 第五章

# 善用成本資訊：
# 瞭解你的成本如何變動

## 本章重點

- 成本—數量—利潤分析
- 特殊訂單與客戶類別
- 資源限制
- 分攤成本
- 為何沉沒成本不相干（或者應該不相干）

　　在經歷搖搖欲墜幾近破產以及獲得美國政府金援之後，二〇一一年時，通用汽車（GM，General Motors）仍體認到公司還需要大刀闊斧減少開支，不然就得面臨絕續存亡的關頭。這家車廠不僅必須生產出具備能源效率及燃油效率的優質汽車，還必須用更便宜的價格達成任務，才能保有競爭力。通用汽車花了6億美元，整修位在密西根州奧里安市（Orion, Michigan）的小型汽車裝配廠。垃圾掩埋場的沼氣將會為這家工廠提供40%的電力，每年省下110萬美元。這樣一來，預計可以大幅減少各種會造成溫室效應的氣體以及其他環保上的危害。通用汽車也和新聘的工會勞工談判減薪，他們現在的時薪變成14到16美元，大約是舊勞工時薪的一半[22]。進行成本分析，然後大幅降低生產汽車的成本，對於通用汽車從幾近消失到能重回市場，大有助益。

　　然而，通用汽車並非唯一一家必須嚴謹分析成本的企業。確實，所有公司都必須細細剖析自家成本，在策略上不斷地推陳出新，才能保有競爭力。

　　會計規則要求企業根據功能來分類成本，這是因為，僅有某些類型的成本可以變成存貨；也就是說，一定要有這一類的成本，才得以完成產品。對製造業來說，這包括了生產成本（原物料、勞工以及經常開支），但不包括管銷成本。

我們從損益表中可以清楚地看出這項差異，因為這些成本會分別出現在不同項目之下。這種的成本分類法對於達成某些特定目的來說很有用，但也有其他在決策上更有價值的分類法。能把成本橫剖縱切並且一眼看盡，並瞭解它們如何發揮作用，這種能力能讓你做出更好的決策。哪些因素會改變你的成本？變動的幅度有多大？

在本章的成本分析當中包含了幾項主題，說明如下：

- 區分固定成本與變動成本十分重要
- 瞭解邊際收益在決定獲利能力上所扮演的角色
- 如何計算損平點？
- 在做決策時仰賴單位成本（full costs per unit）會有哪些風險？
- 找出方法出售「超額」產能並提供折扣，創造額外營收
- 生產者的成本配置如何扭曲產品的獲利能力
- 何謂沉沒成本？為何它與成本分析不相干？

# 成本—數量—利潤分析

　　讓我們看看這個案例：以下的損益表代表上個月的績效，而且，我們預測銷售量將會下跌10%。我們的獲利是否也會隨之下降10%，來到$3,600？就算基本的成本結構都一樣，這個答案也幾乎都是「否」。事實上，我們下個月的績效很可能比$3,600更糟。

| | |
|---|---|
| 營收 | $80,000 |
| 銷貨成本 | ($55,000) |
| 毛利 | $25,000 |
| 管銷費用 | ($21,000) |
| 利潤 | $4,000 |

　　如果預估獲利也會減少10%，這代表我們隱隱假定成本和銷量之間會根據一定的比例變動。另一種說法是，我們的成本都是變動成本。但是，這種說法不能完全說明成本的結構。

　　相反地，如果要描述大部分的成本結構，比較好的說法是這是固定成本與變動成本的組合。固定成本是不會隨著經濟活動水準（例如銷售量）變動的成本。以製造端來說，固定成本（我們舉的案例中，這包含在銷貨成本科目之下）有

廠房租金、大部分的製造工廠與設備折舊、領班薪水，諸如此類的。同樣的，在管銷費用中又另有固定成本，例如辦公建築的折舊、行銷與業務人員的薪資，諸如此類。相反的，變動成本會隨著經濟活動水準不同而不同。製造方面的變動成本包括原物料、直接人員薪資、某些類型的工廠經常性費用，如電費。管銷方面的變動成本則包括佣金、運費成本等等。

如果我們可以把成本分成固定類與變動類，就能更精準地估計利潤將如何變動[23]。我們判定成本結構如下：

|  | 固定成本 | 變動成本 |
| --- | --- | --- |
| 製造成本 | $35,000（每個月） | $2（每單位） |
| 管銷成本 | $11,000（每個月） | $1（每單位） |

當總銷售量為 10,000 單位時，製造成本為 $35,000 ＋（$2×10,000）＝ $55,000，這就是上個月損益表上會有的數字。同樣的，管銷成本則是 $11,000 ＋（$1×10,000）＝ $21,000，這個數字也會放在損益表中的管銷成本項下。

當銷量減少 10%、變成 9,000 單位時，我們的營收和成本將會發生什麼事？

| | | | |
|---|---|---|---|
| 營收將變成 | $8×9,000 | = | $72,000 |
| 製造成本將變成 | $35,000 + ($2×9,000) | = | ($53,000) |
| 管銷成本將變成 | $11,000 + ($1×9,000) | = | ($20,000) |
| 利潤 | | = | ($1,000) |

因此，如果銷量減少10%，實際上我們將會開始出現損失！當銷量下跌時，利潤下降的幅度會比我們想像中更大。現在，我們知道成本如何變化了（在圖5.1中，我們將會畫出營收和成本與數量的關係），那麼，利潤如何隨著銷量變化？我們可以把之前的計算轉化成通式：

**利潤＝（售價－每單位的變動製造成本－每單位的變動管銷成本）×數量－固定製造成本－固定管銷成本**

在上述的等式中，括號內的項目稱為每單位邊際收益（contribution margin per unit）。這裏面算出的數值，是售價付完生產與銷售那個單位的額外變動成本之後，還剩下多少。也就是說，這是每一個單位可以支付固定成本、最後可以創造出利潤的部分。以我們的案例來說，每單位的邊際收益是8－2－1＝5。我們一開始在推測利潤將會如何變化時，之所以出錯，原因在於我們隱隱假定利潤是以每單位$0.4的幅度變動（這個數值，是以每個月的利潤$4,000除以

【圖5.1】
**營收和成本與數量的關係**

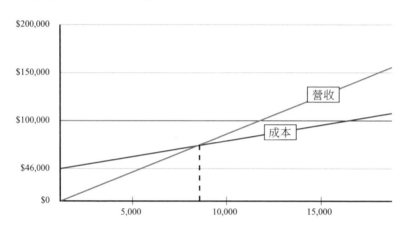

當月銷量10,000單位），但事實上，利潤的變化是每單位變動$5。

有了這項資訊後，現在我們就可以計算，在特定銷量水準上的利潤將如何變化：

**利潤＝每單位邊際收益×數量－總固定成本**

如果我們把利潤與數量的關係也畫出來，就會看出當銷量為零時，利潤為負值，等於總固定成本：－$46,000。這就是圖5.2中的截距。我們每賣出一單位，利潤增加的幅度

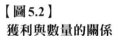

【圖5.2】
獲利與數量的關係

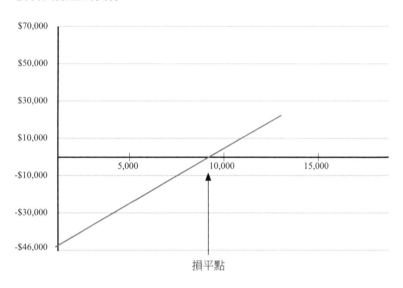

就等於邊際收益，或者，在本例中為 $5，就是圖5.2中直線的斜率。

　　以上這條等式，可以用來估計任何特定銷量水準時的利潤。我們也可以把關係反轉過來，以判定如果我們要創造出一定的利潤水準，需要生產或銷售多少數量。讓人最有興趣的，是哪一個數量水準能讓我們剛剛好達成損益兩平。

　　把上述等式中的利潤設為零，開始求解數量，於是我們得出：

$$損益兩平的數量 = \frac{總固定成本}{每單位邊際收益}$$

這也就是說，在損平點（break-even point）上的數量，是總邊際收益剛好能夠支付總固定成本的那一個數量。以我們所舉的案例來看，固定成本是 $46,000，而每單位的邊際收益是 $5，因此，要達成損平的數量是：$46,000 除以 $5 等於 9,200 單位。這也就是為何當數量減至 9,000 單位時，我們會出現損失──這個數量已經低於損益兩平時的水準了。事實上，這比損益兩平時的數量少了 200 單位，因此，若以每單位邊際收益 $5 來計算，我們的損失是 $1,000，和我們的計算一模一樣。

這項計算讓我們能看清楚「安全邊際」（margin of safety）是多少；安全邊際指的是相對於目前的水準，銷量跌落到哪個地步時還是我們可以吸收、而且不會出現損失的水準。以我們的案例來說，相對於目前的 10,000 單位，我們的銷量僅能再減少 800 單位，因此，安全邊際是 8%。

瞭解成本、利潤以及數量之間的關係，對許多決策都有助益。在評估新想法、專案及產品的利潤潛力時，這尤其重要。請自問，在符合實際的情況下，你預期能銷售多少？然後計算出損平點，看看你是不是能稍微地接近這個點。通

常，答案都是否。這個時候，你需要的是放棄你的想法，或者，想出其他方式，以大不相同的成本結構生產產品。

　　成本—數量—利潤分析，非常適合用試算表來做，利用試算表，特別容易進行敏感度分析。敏感度分析會涉及改變和售價、成本，以及數量有關的基本假定，然後看看利潤將如何變動。看看在最可能、最樂觀與最悲觀的情境下，分別會發生什麼事？

　　有了成本變動的相關資訊之後，我們也能檢驗不同的產品生產方法。不同的生產技術，衍生出來的每單位固定成本與變動成本組合就不同。舉例來說，大舉投資自動化生產設備，多生產一單位需用的變動成本就會下降。提高固定成本值得嗎？答案很可能取決於你預期的數量水準。量大時，每單位的變動成本就會變成比較重要的特性，數量小時，固定成本通常就比較重要。利用利潤—數量圖，讓我們能更精準地進行相關比較。

　　我們之前使用的營收與成本函數，都和數量成線性關係。線性的假定，讓我們可以得出相對容易理解的公式。但是，我們沒有理由不能在分析中納入更複雜（而且更實際）的非線性函數。舉例來說，當我們增加產能以擴充數量時，有些成本可能會以「階段式」增加。營收也可能是非線性

的，因為我們到最後都必須壓低價格，才能衝高數量。這些都可以輕而易舉地納入試算表模型當中。我們或許無法像之前所舉的案例那樣，化約成為一則乾淨簡潔的等式，但還是可以算出相關的數字，著手完成所有該做的敏感度分析。

# 特殊訂單與客戶類別

　　這些技巧還有另一項用處，那就是評估特殊訂單，並針對不同類別的客戶更改定價。比方說，如果業務經理跑來找我們，說他拿到一份訂單，有一家新客戶願意用每單位 $7 下訂，我們要接單嗎？我們最直接的反應可能是拒絕，因為這低於我們正常的銷售價每單位 $8。另一個回絕的理由是，這甚至還低於我們的成本（我們上個月的成本是每單位 $7.6）。因此，我們賣了就會虧錢。但，詳加檢驗之後，實際情況並非如此。事實上，我們會發現，每多生產並銷售一單位的成本，僅有 $3（也就是變動成本）。

　　在每單位 $7.6 這個成本值當中，除了變動成本 $3 之外，其他的則是可以根據固定成本計算出來。這也就是說，我們把總固定成本 $46,000 除以上個月的產量 10,000 單位，得出了每單位固定成本 $4.6 這個數值。這是一個會造成嚴重誤導的數字；$4.6 這個數字僅在數量為 10,000 單位時才有意義。如果數量增加，固定成本不會隨著每增加一單位而增加 $4.6；總固定成本完全和過去一樣。因此，隨著數量增加，每單位的固定成本會下降；現在有更多數量來分攤固定成本了。基於這個理由，僅仰賴「單位成本」來做決策永遠都是

一件很危險的事;如果你檢視總成本,從中估計成本和利潤將如何變化,情況會好很多。

從我們的分析當中,我們可以得知,只要我們接受的價格高於每單位變動成本$3,就有利可圖。因此,這是我們針對特殊訂單願意接受的絕對最低價格。我們到底要不要接單,同時也取決於這份訂單會對其他部分的營收造成何種影響;尤其是,如果有影響的話,這會讓我們以每單位$8價格出售的正常銷量減少多少?

許多產業都會設計出各種方法,以較低的價格消化他們的「超額產能」。旅館與航空業就是很典型的產業案例;超額產能是他們經常要面對的問題。旅館客房沒人訂,也是空在那裏;飛機座位沒有坐滿,一樣要起飛;旅館多加一位房客或飛機多載一名乘客,其邊際成本極低。身處這些產業中,企業必須找出方法(例如:利用價格線〔Priceline〕、軌道〔Orbitz〕等公司提供低價訂機位或訂房服務的網站),看看要如何用大幅的折扣賣掉這些不想辦法降價促銷就會空著的房間與機位,以挹注利潤。餐廳會提供傍晚六點前的降價時段,道理也相同。汽車經銷商和零售業者也會有類似做法,在季末進行換季大拍賣。在這類產業裏,企業憑恃的,是並非所有顧客都會等到最後一分鐘或季末才出手,也有顧

客願意接受前一年份的車款，或是在傍晚四點半時吃晚餐，因此，就算提供了優惠交易，他們還是能夠以常規定價賣出夠多的商品與服務。在我們的案例中，如果企業的常態顧客性質也類似的話，那麼，即便一開始看起來可能會虧錢，接下特殊訂單還是有可能有利可圖。

# 資源限制

比方說，如果現在我們有二種產品，憑著在前幾節中學到的知識技能，我們已經把成本切開來，並計算出甲產品的邊際收益是每單位 $5，乙產品的邊際收益則是每單位 $3。二種產品都必須用到一項共同的資源，但這項資源的產能是有限的。例如：一部生產機器在一個月內能使用時間有最高時數限制，但是，二種產品都要用到這部機器。我們應該如何配置產能？要生產甲產品還是乙產品？因為甲產品的邊際收益較高，因此生產甲產品是較好的選擇，這樣對嗎？

但是，如果你可以在相同的時間內生產出更多的乙產品，比甲產品產量多一倍，那又會如何？這時候，比較產品每單位的邊際收益，就顯得無足輕重。相反地，重要的指標是該項限制資源的每單位邊際收益。舉例來說，如果生產一單位的甲產品需要一小時，若把這一小時全部拿來生產甲產品，機器每運作一個小時，我們就可以賺得 $5；然而，因為生產一單位的乙產品僅需要半小時，因此，如果把這一小時全部都拿來生產乙產品，機器每運作一小時，我們可以賺得的利潤就是 $3 除以 0.5 等於 $6。所以說，憑藉這些每小時邊際收益的數據，我們就可以看出來，應該盡量把全部機器

運作的時間都分配用來生產乙產品，盡量滿足乙產品的需求。如果我們滿足乙產品的需求之後還有產能剩下，只有此時才應該把機器用來生產甲產品。

請注意，這項分析也讓我們知道擴充機器產能（比方說，增購機器）的邊際收益。我們把每多一小時的生產時間用來滿足乙產品的產能，額外的收益就是 $6，但如果我們已經能滿足乙產品的需求，現在則要轉為供應甲產品給客戶，那麼，邊際收益則為 $5。

如果你面對的是多種資源限制，背後的分析概念與上述雷同，但求解最佳的生產組合會比較複雜。有很多數學程式可以解出最佳產品組合，並替你指出在不同點上擴充產能、解放資源限制的價值是多少。這類分析可以幫助你找出在營運中最嚴重的瓶頸位在何處，讓你可以專心去降低或消除這些瓶頸，以提升流程的效率，並提高利潤。

# 分攤成本

　　還有一個問題導致使用成本與利潤的數據變成一項極具挑戰性的任務，那就是這些數字當中通常包含了（專斷的）成本分攤。為了方便說明，這裏以一家公司為案例，該公司希望在整體利潤上能達成損平。這家公司有二種產品（或二個部門），因此他們想要看看這兩者個別的表現如何。公司裏的人知道要區分固定成本與變動成本，並據此計算出以下的獲利數字：

|  | 甲產品 | 乙產品 |
|---|---|---|
| 每單位邊際收益 | 每單位 $2 | 每單位 $5 |
| 預估的銷售量 | 30,000 | 15,000 |
| 總收益 | $60,000 | $75,000 |
| 固定成本 | $70,000 | $65,000 |
| 利潤 | ($10,000) | $10,000 |

　　乙產品能創造利潤，但是，甲產品則否。經理們認為，如果拋棄甲產品，他們便可讓公司的利潤成長，因為這樣一來就可以避免生產甲產品後預期會發生或已經發生的 $10,000

損失。他們這麼做一定會損失甲產品的營收，但能省掉成本嗎？特別是，如果他們拋棄甲產品，公司的固定成本真的會減少$70,000嗎？

有很多理由使得我們的答案很可能是「否」，最常見的原因是，甲產品的成本結構中包含了分攤共同成本或全公司性成本，就算拋棄甲產品，這些成本也不太可能有變化。

二項產品的固定成本詳細內容如下：

|  | 甲產品 | 乙產品 |
| --- | --- | --- |
| 可免除的成本 | $55,000 | $53,000 |
| 分攤的工廠經常性成本 | $9,000 | $4,500 |
| 分攤的企業經常性成本 | $6,000 | $7,500 |

就每一項產品來說，都有一部分的固定成本是可免除的；這類成本是專門因為該項成本而引起，如果我們關閉產品線，就可以節省這些成本。然而，有些成本代表的則是發生在另一個層次（可能是全工廠層次或全公司層次）的成本，由這兩項能創造營收的產品共同分攤。以上述的數據來說，工廠的經常性成本會根據產量單位來分攤，因此甲產品分攤的金額比乙產品高兩倍。全公司性的經常性成本則根據

營收來分擔，因此乙產品要分擔的金額較高。就算關閉甲產品這條生產線，公司也無法省下之前讓它分擔的那些經常性成本。這些企業與工廠部門仍然存在，還是會發生同樣的成本。如果少了甲產品來分擔，就會重新分攤到乙產品上。

因此，關閉甲產品生產線，會損失這項產品 $60,000 的邊際收益，但只能免除 $55,000 的固定成本。這也就是說，關閉甲產品這條線實際上會讓我們損失 $5,000。所有由甲產品分攤的企業與工廠成本 $15,000（分攤的工廠經常性成本 $9,000 ＋分攤的企業經常性成本 $6,000），現在都要由乙產品承擔。如此一來，導致乙產品出現 $5,000 損失，因此，我們可能會傾向於也關閉這條線。但是，如果這麼做，我們會損失更多錢！在一家擁有二條以上產品線的企業裏，當你逐步放棄愈來愈多產品線，強逼其他產品承擔工廠與企業經常性成本時，可能會出現持續不斷的惡性循環。

分攤成本通常在產品成本中占極大的比重。分攤的基礎通常是根據隨意的決定，無法反映產品或部門實際上消耗的資源與成本數量。比較精密的成本決定系統（例如根據活動水準來決定成本），會試著以更具有因果關係的基礎來分配分攤比例，但是，這類系統管理起來十分昂貴。當你要相信分攤成本的準確性時，要格外小心；檢視你的成本，以瞭解

那些成本確實會因為你的決策不同而不同。在本例中，除非關閉甲產品的生產線可以省去企業與工廠的經常性成本，否則的話，公司最好留著。

# 為何沉沒成本不相干（或者應該不相干）

比方說，幾年前你用 $1,000 購入一項資產，你現在正在決定要如何利用。你想到的二種策略如下：你現在可以用 $3,000 的價格出售，或者，你也可以利用這項資產，在未來幾年用來生產產品。如果你採行後者，你估計，你能創造出來的經濟價值將是 $2,400（已扣除累加的未來成本，並考慮金錢的時間價值）。這項資產在此之後將變得毫無價值。顯然，你現在就把資產賣掉可得到的收益較高；$3,000 的收益當然高於 $2,400。同樣地，如果我們扣掉最初的取得成本，累積利潤是 $3,000 － $1,000 ＝ $2,000，會比 $2,400 － $1,000 ＝ $1,400 的利潤高。不管怎麼看，現在出售資產的策略都能創造更高的利潤，比我們拿來運用時多了 $600。

但是，如果你一開始是付了 $10,000 才買下這項資產，會有任何差異嗎？答案是「否」；你現在能做的，就是以當下為基礎往前看，盡量做出最好的決策。你為了購得資產而支付出去的錢稱為沉沒成本（sunk cost），是此時此刻改變不了的事實。一旦沉沒成本偏高，會導致每一種策略的獲利能力都遭到拉低；但是，現在出售資產的策略，仍比繼續保

有資產能多創造$600的價值。你可能會但願自己一開始沒有付這麼高的價格買下資產，但是，現在這個決定已經覆水難收。

　　很可惜的是，人們通常不是按照這樣的思維做決策。出脫資產，基本上代表承認你一開始的購入決策是錯的。會計系統與績效評估系統通常會讓這類議題更加嚴重。現在出售資產，會導致現在的損益表上出現損失；這揭露了一件事（而且是事後諸葛），有人做了錯誤的投資決策。然而，如果你一直留用資產，你就不用馬上沖銷其成本，就可以延遲認列損失。為了避免衝擊你的聲譽（或是你的年終獎金），你可能會做出對公司不利的決定——繼續留用這項資產。對於被套牢的人來說，他們通常會把沉沒成本放在心上！有趣的是，如果有新官上任，而且他不是當初做出投資決策的那個人，就會出現完全相反的行動。新任的經理人比較傾向於承擔投資損失，並把錯誤歸咎在前人頭上；如此一來，讓他較能從神清氣爽的狀態出發，隔年也比較容易顯示出改進（沒錯，一切都是他的功勞）。

　　從上一個案例當中，我們學到必須區分「過去的現金流」與「未來的現金流」。在第六章中，我們會把這個概念發揚光大，分析如何評估在未來不同時點會創造出不同現金

流的策略。

---

❷❷ Rogers, C., (May 20, 2011), "GM Creating Low Cost, Eco-Friendly Production," *The Detroit News*.

❷❸ 要估計出哪些是固定成本？哪些又屬於變動成本？依賴的是判斷加上經驗，觀察成本如何變動，並運用一些統計技巧，估計出成本當中固定與變動的部分。試著以最適當的直線性關係解釋成本，以及成本和其他變數如生產量之間關係的迴歸分析，便是常見的案例。

## 第六章

# 評估投資機會：
# 折現現金流分析

**本章重點**

- 提出一套架構，用來計算你的策略性決策能創造出多高
  的經濟價值
- 把現值技巧應用到投資決策上
- 更高層次的策略性決策

　　二〇一一年六月，Google投資2億8,000萬美元當成生產與安裝家用太陽能板的資金。雖然太陽能在美國僅能滿足極小比例的電力需求，而且一般人認為太過昂貴，不適合屋主投資，但Google相信，未來總有一天，其投入的2億8,000萬美元會帶來回報。確實，Google的綠能事業總監瑞克・尼德漢（Rick Needham）便說道：「我們所做的投資符合商業利益，我們很有信心，在特定的風險之下，投資終能獲得回報。」[24]

　　幾乎所有重要的商業決策，都涉及評估會在不同的時點創造出現金流的活動。確實，投資的定義，就是一種現在必須付出現金、以便在未來創造現金流入的活動。雖然將資本注入新專案中會有風險，但是，企業必須要投資，才能成長茁壯，興盛繁榮。舊有的專案最後必會逐漸失去動力，因此，為了維繫成長並保有獲利能力，一家企業必須不斷地自我投資。企業就像農夫一樣，必須為了來年的收穫先播種。當然，企業有多種不同類型的投資可供選擇，包括添購新設備、興建廠房、收購競爭對手、開發新的產品概念，以及投資無形資產，如聘用更多人員等等。此外，企業還可以投資新的業務線，或是針對不同的群眾行銷，包括海外市場，其中有無限的可能。從要動用的投資金額、創造報酬的速度以

及風險等各方面來說，這些策略都大不相同。在本章中，我們要討論一些用來評估這類決策的重要工具。除了投資專案以外，這套架構也可以用來評估長期負債的價值，例如債券與退休金。華爾街的分析師在評估公司的價值時也同樣使用這些技巧。這套架構用在許多個人面的財務問題上也很實用，比方說，是否要申請房貸並開始償還貸款、要如何為了退休或孩子的學費而儲蓄，諸如此類。我們將會涵蓋以下幾個重點：

- 若一套策略涉及在不同時點產生現金流，在計算這套決策是否值得實行時，為何現值（折現現金流分析）這套架構適合用來分析？
- 如何計算現值？
- 某項投資要創造出多高的報酬，才值回票價？
- 專案能創造出收益的時間點如何影響其獲利能力？
- 如何把風險納入分析當中？
- 預估未來現金流時常見的缺失？

# 適用於計算策略性決策創造經濟價值的架構

　　你要如何比較所有可能的投資案產生的報酬？本章的關鍵概念，是要瞭解金錢的時間價值；不同時點上的錢，是不同的經濟商品，因此，不可以直接互相交換。這和處理不同幣別時的概念完全一樣。如果你用76,000日圓買下一件商品，運費花了300美元，並以2,000歐元的價格售出，顯然，你不能直接把這些數字加上去，然後判定你的利得或損失是多少。反之，你要把這些數字轉換成相等的單位，而且，你要用市場上的匯率去轉換。

　　同樣的概念，也可以應用到不同時點上付出及（或）取得的錢。你不可以從今天的投資報酬中直接扣掉五年前的投資金額，以計算這項投資的獲利。這個世界上有外匯市場，可供我們交換不同的幣別，同樣的，也有市場可供我們交換不同時點上的錢。不同時點的交換率稱為利率。我們可以觀察到這些交換率並非一比一的，由此可知，不同時點上的錢並不相等；這也就是說，利率通常不是0。這表示，今天的一塊錢，在經濟上的價值並不等於從現在起算一年後（或者十年後）的一塊錢。如果你忽略這一點，將會做出很多糟糕

透頂的經濟決策。

把錢來來回回移動到不同的時點,是每天都會發生的事。把錢從未來挪到現在,稱為借入;把錢從現在移到未來,稱為投資(或貸放)。所謂的現值技巧,是讓我們能有意義地比較不同時點上金錢價值的技巧,在其中穿針引線的交換率就是利率。比方說,如果你今天投資$1,每年可以賺得8%的年利率,年底時你就能拿到$1.08。因此,如果你知道你可以用8%的市場利率把錢在不同時點上來來回回移動,那麼,現在就能拿到$1跟一年後能拿到$1.08,對你來說並無差別。如果你不喜歡其中一種,你永遠都可以換成另一種,這兩者是等值的。

同樣的,如果你投資$1每年可以賺到8%,而且一賺 $n$ 年,那麼,你累積的總報酬便是:$(1.08)^n$。請注意,未來的價值並非以線性的方式隨著時間過去而增加;價值增加的速度會愈來愈快。這就是所謂的複利(compounding interest)效應:在比較後面的各期,你賺到的利息不僅僅是來自於原始投資的$1而已,還有你截至目前為止賺得的利息。用更一般性的說法來說,如果你今天投資$1,每年的年利率為 $r$%,那麼,你在未來第 $n$ 年得到的總金額是 $(1 + r)^n$。這個金額,也就是若以年利率 $r$% 計算,未來第 $n$ 年的

價值。

我們通常會發現，把這套方法反推回來更有用；反推回來，就叫做推算現值。這也就是說，如果對方說我們可以在從現在起算的一年內拿到 $1，而年利率為 8%，那麼未來這 $1 的現值就是 $0.926，或者 1 除以 1.08。要瞭解這項推論，你可以注意一下，如果你今天借了 $0.926 投資，年利率為 8%，在一年的年底時你將會回收 0.926×1.08 ＝ $1。因此，從現在起算一年後的 $1，若年利率為 8%，其現值就是 $0.926。同樣的，若是從現在算起的二年後才能拿到 $1，其價值就相等於今日的 $0.8573。以更一般性的說法來描述，則是：若以每年年利率 $r$% 計，$n$ 年後將會拿到的 $1，其現值等於 1 除以 $(1＋r)^n$，或者是 $(1＋r)^{-n}$。我們要等待的未來愈久遠，那時才能收到的一塊錢就愈沒有價值。也因此，我們才說未來的錢必須折價；未來的一塊錢價值不如今天的一塊錢。

把這個概念應用到專案或其他類型的決策情境上，我們必須要能以該專案將會創造出來或影響到的現金流來表達。正如之後我們會看到的，專案的現金流現值所衡量的，是這個專案增加或減少的經濟價值。一個能創造出一系列的現金流、而且其現值為正值的專案，將能為公司增添附加價值；

如果一個專案創造出來的現金流現值預期為負值，那這個專案就會減損公司的價值。在比較二個不同專案或兩組不同活動時，結論是能創造出最高現值的，即是能增添最高經濟價值的，對公司而言也是最可取的專案。如果做法正確，這些計算將能納入現金流的金額多寡、出現的時點以及風險，讓我們能在這些不同的面向上以適當的方式來做專案比較。

若要讓現值技巧務實可用，我們要把這套流程再細分為三個步驟。我們會先扼要地描述每一個步驟，之後在本章後半部再深入探討每一步驟。就像我們將會看到的，這些技巧特別適合用試算表來做。

## 1. 列出和專案相關的現金流入與流出時間線

在這一步，你要具體描述的不僅是現金流量的金額高低，更要注意其發生的時機點。比方說，來看看一個我們正在規劃的決策；這個決策將創造出如下的現金流，其中 $C_t$ 代表第 $t$ 期的現金流。

| 期別 | 0 | 1 | 2 | 3 | ⋯ | T |
|---|---|---|---|---|---|---|
| 第 $t$ 期的現金流 | $C_0$ | $C_1$ | $C_2$ | $C_3$ | ⋯ | $C_T$ |

我們用正值代表流入的現金流，負值代表流出的現金

流。依慣例，第0期代表現在，第一期則是從現在起算後的下一期，依此類推❹。

在這條時間線裏，必須納入所有受到我們正在評估的決策所影響的現金流。公司裏其他不受我們正在評估的這個決策影響的現金流，就不需納入分析。在某些情況下，發生現金流的時點與金額多寡會由契約（比方債券）具體載明，但大部分時候，都必須預估現金流。這通常是分析中最高難度的部分，也是你將會花掉最多時間處理的部分。

## 2.選擇這些現金流適用的利率（通常稱為折現率）

合用的折現率（discount rate），是你在其他風險相當的投資上能賺得的報酬率。面對外部市場時，通常都會有市場報酬率。若是在企業內部，這個折現率通常稱為最低資本報酬率（hurdle rate）或資本成本。公司當然可以選用他們內部想要使用的任何利率，協助他們決定要選擇哪一個專案，但在理想狀態下，應選擇和外部市場要求的報酬率一致的利率。原則上，適當的報酬率取決於專案的風險（以及其他諸多因素）。專案的風險高，要雀屏中選就必須能創造高報酬。因此，不應該一視同仁，用相同的利率來折現公司內部所有可能專案的現金流。折現率通常會由財會部門提供給

你；你是非財會方面的經理人，公司不大可能預期你能判定
適當的折現率是多少。為求簡化，在我們的討論中，我們會
假設折現率長期不變；然而，這些技巧大可用來處理會因時
間變化而有不同的折現率。

### 3.將每一期的現金流轉成某個共同期間上（通常是目前）的等值，然後把轉化後的價值加總

　　這個步驟稱為計算現值。一旦你已經可以駕輕就熟處理
以上這些問題時，這個步驟通常會變成最簡單的一部分。計
算機以及試算表裏都內建有計算現值的功能。你要做的，就
只是在試算表上的欄位指出未來的現金流出現在什麼時間，
並告訴試算表你要用的折現率是多少，程式就會自動幫你計
算。

# 將現值技巧應用到投資決策上

　　我們可以開始應用現值（present value）技巧，來處理任何隨著時間不同依據不同模式變化的現金流，然而，我們要先來看典型的投資情境：在這類情境中，一開始要先付出現金，並預期未來可以取得收益。我們將會先從簡單的案例下手，然後逐步增加複雜度（以及現實性）。比較簡單的假設，會讓我們比較容易理解為何檢視現值具有經濟意義。

　　來看看本章一開始時提過的Google案例，並假設我們正要購置一組太陽能面板。假設我們有意購置的特定規格太陽能面板價格為$10,000；我們會在此時此刻以現金支付這筆錢。這筆投資的收益要在未來才會出現，主要的收益是我們的電費下降了。這些收益的價值有多高，取決於夏天有多熱、電費有多高以及這些面板的壽命有多長。我們從最簡單的著手，一開始先假設我們預期只有一年能獲得收益，並估計第一年的電費將可省下$10,500（電費帳單在年底時一筆付清）。公司裏其他的現金流都不受影響。

　　根據以上的資訊，如果我們投資太陽能面板，公司的現金流變化如下：

| 期別 | 0 | 1 |
|---|---|---|
| 第 t 期的現金流 | − $10,000 | + $10, 500 |

我們現在（第 0 期）必須付出 $10,000，回過頭來，從現在起算後的一年內（第 1 期），我們可以省下 $10,500 現金。這看起來是一筆好交易，我們賺了 $500，對吧？

但，到目前為止，我們的分析還未將金錢的時間價值納入考量。假設我們可以把錢投資到別的地方（或假設股東可以這麼做），在風險相當的他項投資上賺得 8% 年報酬率。這樣一來，電費年省 $10,500 就沒這麼吸引人了。因為，如果我們撤出原來投資的 $10,000，改投資到年賺報酬率 8% 的其他地方，到當年年底時就可以賺得 $10,800。憑藉著這樣的報酬率，我們可以支付 $10,500 的電費，還能剩下 $300，可以花在別的地方（或是當成股利發出去）。因此，在這些條件下，投資太陽能面板是很糟糕的投資決策❷⁶。

你會在從現在起算的一年之後多 $300（透過投資在其他地方賺得報酬），和你現在就多 $300 並不相等。就像之前一樣，我們可以利用現值技巧，把未來的錢轉換成今天等值的錢。若年利率為 8%，我們就會看到，從現在起算一年後的 $300 等於今天的 $300 除以 1.08 等於 $277.78。因此，決定投

資太陽能面板，讓我們今天就損失了 $277.78。

　　我們可以考慮最初現金流的價值，用更簡單的方法來做計算，請見以下：

| 期別 | 0 | 1 |
|---|---|---|
| 第 $t$ 期的現金流 | $-$10,000$ | $+$10, 500$ |
| 第 $t$ 期現金流的現值 | $-$10,000$ | $$10,500 \div 1.08 = $9,722.22$ |

總現值：$-$10,000 + $10,500 \div 1.08 = -$10,000 + $9,722.22 = -$277.78$

　　現在（第0期）的現金流 $10,000 已經是以現值計算了，因此，我們不需要做任何調整。我們在第1期收取的現金流 $10,500，必須往回折現一期，變成等值的今日貨幣，因此，我們要把這筆現金流除以 1.08。這告訴我們，未來省下的現金 $10,500，現在實際上只值 $9,722.22。這比我們最初付出的現金還少了 $277.78，因此，這就是我們投資本專案而出現的經濟淨損。

　　我們要省下多少電費，才是投資本專案的好理由？答案很明顯：至少要省下 $10,800，剛好等於我們投資他處可以賺得的報酬。這等於是說，投資太陽能面板至少必須賺到 8% 的報酬率，也就是我們的資本成本。在我們的原始案例

中，以我們投資$10,000得到$10,500的報酬來說，報酬率僅有5%。有鑑於此專案的報酬率低於資本成本，因此，變成了一樁虧錢的專案。

現在，讓我們改變一下收益的特性。假設一切都和之前的案例一模一樣，唯一的差別是我們預期每年可以得到$5,500的收益，持續二年。請注意，總收益$11,000不僅超過太陽能面板的原始成本$10,000，也超過收益的門檻水準$10,800；後面這個門檻數字，是我們在原始案例中計算出來會讓投資有吸引力的報酬率。但，這不代表以現在來說這項投資就是一樁好交易，因為取得收益的時間要更延長。當現金流分散的時間更長時，價值就必須更高，才能讓投資物有所值。回收收益的期間更長，也更難從檢視現值是否為正當中簡單地進行判別。為了找出答案，且讓我們來做以下的計算：

| 期別 | 0 | 1 | 2 |
|---|---|---|---|
| 第t期的現金流 | −$10,000 | +$5,500 | +$5,500 |
| 第t期現金流的現值 | −$10,000 | $5,500 \div 1.08 =$ $5,092.59 | $5,500 \div 1.08^2 =$ $4,715.36 |

總現值$= -\$10,000 + \$5,092.59 + \$4,715.36 = -\$10,000 + \$9,807.95$
$\qquad = -\$192.05$

就像之前一樣，一開始支付出去的現金已經是以現值計算了，所以我們不需要做任何調整。我們第一年省下的電費必須往回折現一年，因此我們把這筆現金流除以1.08，這樣一來我們就會看到，從現在算起的一年後省下的$5,500，相當於今天的$5,092.59。第二年節省下來的現金，要往回折現兩年，因此，我們要除以$1.08^2$，這樣一來，第二年省下來的$5,500僅相當於今天的$4,715.36。這個價值比你第一年省下的錢來得低。我們要等待的未來愈遠，那一筆現金流要折現的幅度就愈高。整體來說，計算顯示，我們的收益產生的現值為$9,807.95，比原始的投資成本更低。以本例來說，這個專案會讓公司的經濟價值減損$192.05。

若想要驗證現值背後的直覺是否正確，且讓我們來算算看，如果我們把這$10,000投資在他處並賺得年報酬率8%，那會如何。在第一年底時，我們將會拿到$10,800。我們可以付清當年$5,500的電費，還剩下$5,300。之後，我們可以把剩下的$5,300再投資一年，年報酬率8%，在第二年年底時我們就會拿回$5,724。這很夠用來支付該年的電費，還讓我們在第二年年底時還可以留有$224。此外，從現在起算兩年後獲得的$224，和今天的$192.05等值，這個答案確認了我們原始的計算。不論你是用未來值還是現值來表達，以

本例來說，投資太陽能面板都不是好決策。

　　這就是計算現值（以及市場）的美妙之處。假設我們有兩個專案，甲專案和乙專案，甲專案的現金流現值比乙專案的現金流現值高。甲專案現值較高，代表我們可以利用市場進行借貸，之後再用甲專案的現金流完全複製乙專案的現金流，而且還有錢剩下來（可以出現在任何我們想要的期別）。這意味著甲專案是比較有利的專案。就算我們不喜歡甲專案創造現金流的時間點，我們總是可以善用資本市場改變時機點，變成在我們比較喜歡的期間出現的價值相等現金。能創造出最高現值的專案，就是最有利的專案❷。

　　如果回收收益的期間要延長成三期、十期或二十期，那又如何？就像你想像的，這類計算會變得很冗長乏味。與其用手工個別去計算每一筆現金流的現值，現在有很多現成的計算機和試算表可以代勞。以現金流長期都是固定的這種特殊情況來說（這是所謂的年金〔annuity〕），數學家已經發展出相關工具，可以用一條公式來描述年金的現值：

$$年金現值 = A \frac{[1-(1+r)^{-n}]}{r}$$

　　其中 $r$ 代表折現率，$n$ 是年金持續的期數，而 A 則是每一期的現金流金額❷。財務用計算機與試算表裏也都有內建

這條公式。舉例來說，在 Excel 裏，代表年金現值的公式稱為 PV，要輸入的資料為折現率、期數以及年金金額[29]。

為便於說明，讓我們設定案例中投資太陽能面板的收益將會持續五年，而且我們預期每年可省下 $2,800。這幾筆現金流的現值，可以借用以上的方法一一計算；

| 期別 | 0 | 1 | 2 | 3 | 4 | 5 |
|---|---|---|---|---|---|---|
| 現金流 | −$10,000.00 | $2,800.00 | $2,800.00 | $2,800.00 | $2,800.00 | $2,800.00 |
| 現金流的現值 | −$10,000.00 | $2,592.59 | $2,400.55 | $2,222.73 | $2,058.08 | $1,905.63 |

之後，我們就可以把這些價值加總起來，得出總現值：

總現值 ＝ −$10,000 ＋ $11,179.59 ＝ ＋$1,179.59

或者，我們也可以說，這串現金流是付出一筆現金 $10,000，接下來則是每年可以收取一筆年金 $2,800，總共五年。利用年金公式（透過上述的公式，或者計算機及試算表裏的公式），我們可以計算出來當年金為每年 $1、持續五年，然後以 8% 的利率折算回來的價值是 $3.993，因此，總現值和上述計算的一樣：

總現值＝－$10,000＋（每年$2,800的年金，總共五年，

折現率為8%）的現值

＝－$10,000＋$2,800×3.993

＝－$10,000＋$11,179.59＝＋$1,179.59

請注意，在本例中，現金流的現值為正，這表示這個專案可以為公司增添價值。這等於是說，如果我們拿這筆$10,000的投資投入其他報酬率為8%的專案，我們將無法複製這個太陽能面板專案能創造出來的節省費用金流。這必然代表這個專案賺得的報酬率高於8%。那專案的報酬率是多少？若要計算出實際數值，我們要問，如果一開始要以完全相同的投資金額來複製出和專案一模一樣的現金流，最低的報酬率要達到多少？用更一般性的說法來說，這個報酬率就是能讓專案整個現金流的現值等於0的折現率。我們把這個報酬率稱為本專案的內部投資報酬率（IRR，Internal Rate of Return）。我們可以透過嘗試錯誤法計算出這個數值，或是利用計算機或試算表的函數來算。在Excel程式裏，這個函數名為「IRR」；當你要應用時，你必須提供包含完整現金流的試算表欄位。在我們的案例中，內部投資報酬率為12.4%。說一個專案賺得的投資報酬率高於資本成本（在本

例中為 8%），就相當於說這個專案的現值為正（當以資本成本 8% 來折現時）。

　　現在，讓我們在分析中加入一些經常會碰到的較複雜問題。首先我們會納入通貨膨脹，接下來則會考慮稅負。之後，我們會考慮在更高策略性決策層次才會出現的問題；在這個層級，會涉及更多財務報表上的項目。

## 通貨膨脹

　　有一個常見的錯誤，是你以今天已經存在的價格和成本為依據，簡單地把這些數據應用到未來的銷售與投入原料數量上，藉此估計未來的現金流入和流出。在上一個案例當中，我們就假設省下來的電費是一年 $2,800，而且一省可省五年。這些省下來的費用，隱含著我們是根據把兩個因素相乘後得出的估計值：我們估計用了太陽能後能省下以千瓦小時計的電量（如果不投資太陽能，我們就要向別人買這些電），以及當年度的電力費率。就算長期下來能省下的千瓦小時都固定不變，預期電力費率維持同樣水準合理嗎？在多數產業，價格和成本都會隨著時間不斷變化。最常見的理由是通貨膨脹，通膨會導致價格和成本長期下來不斷上漲。如

果我們沒有把通膨納入估計當中，通常會大幅低估專案現金流的現值❸。

　　舉例來說，在第一年之後，我們預期電力費率每年會上漲 5%。這表示，我們第二年省下來的錢是 $2,800 × 1.05 = $2,940，第三年省下來的錢則是 $2,800 × (1.05)$^2$ = $3,087，依此類推。我們可以在下表中看到這些資訊；這樣一來，我們收益的現值就會比原先推估的為高。

| 期別 | 0 | 1 | 2 | 3 | 4 | 5 |
|---|---|---|---|---|---|---|
| 以第一年電力費率計算省下來的錢 | | $2,800.00 | $2,800.00 | $2,800.00 | $2,800.00 | $2,800.00 |
| 通貨膨脹調整因子 | 1 | | 1.05 | 1.1025 | 1.157625 | 1.21550625 |
| 預估省下來的錢 | | $2,800.00 | $2,940.00 | $3,087.00 | $3,241.35 | $3,403.42 |

　　隨著我們在時間點上向前推進，通膨會提高收益的價值，而這些增值有一部分會抵銷掉現金流的折現效果。同樣以 8% 折回去，現在這些現金流的現值為 $12,262.53，專案整體的現值（扣除最初的投資成本）為 $2,262.53。專案的投資報酬率成長為 15.9%。請注意，現金流已經不再是長期固定的了，因此，我們無法利用年金公式。還好，計算機和

Excel等試算表程式也有針對這類比較複雜的現金流模式設計出公式❸。

顯然地，通膨率愈高，或是通膨持續的時間愈長，效果愈強。在涉及多種營收與費用類型的決策中，請記住，並非所有項目都以同樣速度成長。事實上，在許多高科技產業裏，價格和成本通常會隨著時間而下跌，並非增加。

## 稅負

別忘了還有稅負！如果我們利潤因為電費下降而增高，那麼，我們就必須付出更多稅金。稅金是重大成本，在美國通常會吃掉30%到40%的利潤。要納入稅負非常複雜，不僅是把稅前現金流再乘以稅率而已。稅金是根據你向稅務機關申報的利潤數字收取，而不是根據你的稅前現金流。這種時間點的差異極為重要，因為錢的時間價值正是本章討論的主要焦點。

稅負會造成最大差異的領域，是和財產、廠房與設備相關的投資。你為了購置財產、廠房與設備而付出的金額，在你支付款項的當年報稅單上通常無法全額扣抵。反之，你必須在所得稅申報單上長期有系統地折舊這項投資的成本。因

此，你要等到後期才能從這項現金支出當中獲得稅務上的利益。最後可抵稅的總數是一樣的，但是抵稅金額要長期分攤，而不是一次獲取。

為便於說明，假定稅率為30%，以此條件來考慮我們在太陽能面板上的投資。如果這筆投資馬上就可以抵減，我們要繳交的稅金就隨即少了$3,000。但實際上相反，這項投資必須要在使用年限內逐一折舊。這表示，我們無法馬上減稅$3,000。稅法針對不同資產類別明文規定使用年限以及你要使用的折舊方法。通常，這類折舊方案都比較偏向加速折舊，而非我們通常在編製財務報告時會使用的直線折舊（若為直線折舊，則每年的折舊金額為$10,000除以5等於$2,000）。在下表中，我們舉了一個加速折舊的計畫（前幾年折舊的金額高於$2,000，後幾年的折舊則低於$2,000。這會拉低你前幾年的應稅所得，同時也讓你早期的稅金降低。

| 期別 | 0 | 1 | 2 | 3 | 4 | 5 |
|---|---|---|---|---|---|---|
| 初始投資 | −$10,000.00 | | | | | |
| 稅務上的折舊金額 | | $3,300.00 | $2,700.00 | $2,000.00 | $1,300.00 | $700.00 |
| 以所得稅率為30%計的稅盾效果（tax shield；指可用於達成免稅或抵稅目的之工具或方法） | | $990.00 | $810.00 | $600.00 | $390.00 | $210.00 |

　　省下來的稅金現值（以8%折現）為 $2,516.99。反之，如果稅法要求我們用直線法折舊，省下來的稅金就會延後到未來，現值則僅有 $2,395.63（0.3×〔每年 $2,000、為期五年且折現率為8%的年金現值〕）。某些類型的投資（比方說太陽能面板）也符合特殊的租稅抵減，或是適用較低的稅率。最好的做法，是先向稅務部門查詢，確定你可以享有這些權利。

　　讓我們把到目前為止考慮的因素加總起來，重新計算本專案的現值。由於要同時納入許多因素將會比較複雜，因此我們認為，分條列述來標明不同類型的現金流，會比較清楚。

| 期別 | 0 | 1 | 2 | 3 | 4 | 5 |
|---|---|---|---|---|---|---|
| 初始投資 | −$10,000.00 | | | | | |
| 稅前省下的電費 | | $2,800.00 | $2,940.00 | $3,087.00 | $3,241.35 | $3,403.42 |
| 省下的電費要繳交之稅金 | | −$840.00 | −$882.00 | −$926.10 | −$972.41 | −$1,021.03 |
| 折舊的稅盾效果 | | $990.00 | $810.00 | $600.00 | $390.00 | $210.00 |
| 對於稅後現金流造成的總影響 | −$10,000.00 | $2,950.00 | $2,868.00 | $2,760.90 | $2,658.95 | $2,592.39 |
| 現金流現值 | −$10,000.00 | $2,731.48 | $2,458.85 | $2,191.69 | $1,954.40 | $1,764.34 |

這裏有四種類型的現金流：初始投資、投資折舊造成的稅盾效果（之後才會出現）、省下的電費以及省下電費（導致盈餘增加）要繳交的稅負（稅負效果發生的時點，會和節省下來的費用發生在同一年）。現在的稅後現金流總淨值為 $1,100.76，專案的內部投資報酬率則為 12.2%。投資太陽能面板仍是一項有利可圖的決定。

# 更高層次的策略性決策

　　所謂更高層次的策略性決策，比方說引進新產品、在新地點展開營運、收購其他企業等等；你的損益表、現金流量表以及損益表上的所有項目，幾乎都會受到這類決策影響。然而，現值的標準仍適用於評估這類決策，而且，計算的技巧就跟我們之前說明的一模一樣，差別僅在於我們需要估計的項目更多了。

　　在許多類型的高層次投資決策當中，拍板定案決定投資、發生投資成本以及開始創造收益等事件之間的時間差更長。會有這種情形，是因為一開始要先完成研發、要建造生產設施、要取得法規核准，諸如此類。以這些問題來說，上市時間（time to market）是非常重要的考量。你愈快讓產品上市，現金流入就愈有價值。折算現金流的技術是非常好用的方法，可以評估若採用不同策略、加速產品上市速度，你的獲利能力有何差別。上市時間之所以重要，另一個理由是因為時間拖得愈長，競爭對手先發制人的風險就愈大。如果發生這種事，你不僅要更晚才能收到現金流入，而且這些現金流都會變少！

　　企業必須持續投資才能跟上時代脈動，他們也要知道，

投資通常僅有很短的時間讓他們回收。

　　請記住，計算現值是以折算未來的**現金流**為根據，而不是以折算未來的**會計利潤**為根據。這是因為，不同時點上交換金錢的市場交易的是現金，而不是會計利潤。但，會計利潤在相關的計算中仍扮演重要角色。首先，就像我們在上一節的說明中看到的，會計利潤會影響到現金流量的其中一個要素：稅金。其次，從一開始就用專案將創造出的營收、以及專案要花多少時間生產才能滿足銷售需求來思考，通常是比較自然也符合直覺的方式。但是，在分析當中，某個時候你必須算出營收何時會轉成收款，以及何時必須支付生產產品必須花費的費用。因此，對於計算採用新策略、引進新產品或從事新投資的未來現金流現值來說，瞭解收益與現金流之間的關係（就像我們在第一章與第二章中所討論的）是極為重要的一環。

　　事實上，以涉及財務報表上諸多項目的專案而言，預測出整套財務報表是明智的做法，包括：資產負債表、損益表以及現金流量表。藉由強迫自己讓這三種報表長期彼此能達成一致，這樣的訓練有助於確保你能正確地掌握每一個項目的時點。舉例來說，推估出一張資產負債表，其中包含短期資產（如應收帳款與存貨）以及長期資產（例如財產、廠房

與設備），是確定你適當地考量了盈餘與現金流、現金流入與流出之間先後關係的好方法。如果你從預估當中找出了現金流入與流出之間的重大時間落差，你也因此獲得機會，可考慮是否要應用替代的融資方法。確定營運與投資計畫契合資產負債表的另一邊（也就是你的資本結構），也是重複確認所有專案在內部達成一致性的重要方法。

　　接下來，我們將要用在第三章與第四章中討論過的相同架構，來預估未來的現金流。一切都要從專案未來的營收開始：營收高低、時機點以及成長率。一旦我們推估出來營收流量，之後，就要估計為了創造出這些營收而必須付出的費用。這樣一來，我們就能計算出盈利率，並且整合出一張損益表。我們也必須計算需要取得哪些資產，才能提供產能創造出這些營收；在資產可以創造出帶來營收的財貨與服務之前，我們必須挪出多少前置準備時間；凡此種種。

## 專案營收

　　帶動成功的單一最重要因素，就是營收；在預估和未來新產品與策略性行動相關的現金流時，這是最困難的一部分。這牽涉到要瞭解客戶的品味與需求，也要預測其他企業

會在競爭時會有哪些因應行動。顯而易見的是，營收的成長率愈高，成長持續愈久，將會對未來營收的現值造成重大影響。哪些因素會影響成長持續時間的長短？正如之前的討論，通常是競爭對手多快能推出類似或更先進的產品。在變化快速的高科技產品相關領域裏，這一點最重要，應慎重納入考量。另一方面，如果進入障礙門檻很高，比方說，有專利保護、需要大量的資本支出或是必須具備非常專精的技術知識，就可以大幅遞延競爭對手進入的速度，因此可以提高現金流的現值。

## 預測未來費用

最重要的，是要瞭解成本結構。請以損益表當作指南。你的生產、行銷和研發成本是多少？固定成本與變動成本各有多少？成本何時會出現？請記住，折舊並非現金流，在把折舊轉換成現金流時，必須調整收益數字。

## 營運資本

一旦我們針對銷量和銷貨成本做出最初的估計時，要如

何把這些數字轉化成現金流出與流入以進行現值分析？轉換時，其中很重要的一部分會牽涉到你要瞭解何謂營運資本（working capital），以及為何營運資本是必要的。營運資本代表的，是公司除了現金之外的流動資產與負債，其中包含的項目是：應收帳款、存貨、應付帳款，諸如此類。收現金的時間點會落後於營收發生的時間。這些尚未收到的營收，會以應收帳款的形式出現在資產負債表上。我們買進（或建造生產）出來、但還未出售的品項，則以存貨的形式出現在資產負債表上。我們在損益表上已經認列、但還沒有支付出去的費用，會出現在資產負債表的負債端，那就是應付帳款。當我們在調整現金流量表、好讓淨利和營運現金達成一致時，就會在報表上看到這樣的時間點落差❸❷。

在損益表上認列帳目與現金實際流動之間的時間落差成本，可以視為營運成本投資。在計算折算後的現金流時，我們要能預測這類投資的金額會有多大，以及投資要過多久才能帶來報酬。來看看應收帳款。應收帳款上的投資金額大小，取決現銷與賒銷的組合；這項投資存在期間的長短，則取決於收款條件、預期的客戶信用品質等等。應收帳款的投資金額通常和營收成一定比例，當我們嘗試去做這類評估時，第四章中討論的應收帳款周轉率是很有用的工具。

　　同樣的，損益表上的銷貨成本也會落後於產品的生產。這種時間點落差成本，就等同於我們在存貨上的投資。這類投資的規模，取決於我們如何取捨存貨的成本效益：如果我們缺貨，可能會損失銷量，但是，持有存貨需要付出成本（包括過時、遭竊、損壞等等的風險）。存貨投資持續的時間，則取決於生產週期有多長，以及我們希望保有多高的存貨緩衝。第四章中討論的存貨周轉率可以提供相關資訊，讓我們知道其他產品花多少時間周轉。

## 專案與其他專案之間的交互作用

　　在分析新專案對獲利能力的衝擊時，最複雜的面向之一，就是要預測本專案和其他專案之間的交互作用（interaction，有時也稱為外部性〔externality〕）。本項任務之所以如此艱鉅，是因為要考量的交互作用類型太多。以營收面來說，新引進的產品可能會侵蝕其他類似產品的營收。該在何時推出一系列的新產品，解答這個問題時要小心謹慎，權衡新產品帶來的額外營收與舊產品損失的營收兩方。但從另一方面來說，有時候新產品反而會刺激其他產品的銷量。以成本面來說，你的專案是涉及要購置可創造出額外產

能的資源，可用來為其他專案帶來收益，或者，這個專案要和其他專案共用資源，因此反而會導致其他專案的產能出現限制？在這些最難以用數字量化的外部性當中，其中一項是你可以從發展新專案過程中（可能是研究新技術或推演競爭環境）獲得多少有用的**資訊**，以用來修正其他領域的決策，或未來幫助你從諸多策略性選項中做出判斷。

## 選擇折現率的問題

　　用來折算專案現金流的折現率，應該是企業（以及投資人）可以從風險相當的其他投資中賺得的報酬率。這很可能是財務部門才能處理的問題，但，很重要的是，你要知道他們用來分析的政策依據是什麼，並瞭解相關政策對於你所提專案中的現金流現值會造成哪些影響。要針對特定專案找出折現率，有一個自然而然的起點是去找公司的加權平均資本成本（WACC）。請回憶一下，這個指標代表的，即是公司債權人與股東要求的綜合報酬率。這個報酬率，是為企業提供資本者預期從公司賺取的整體報酬率，而從廣義上來說，你可以把這想像成公司所有專案加總之後的報酬率。同樣的，我們可以把這個報酬率當成公司的「一般」專案適用的

折現率。在理想條件下，我們應針對個別專案往上或往下調整，調整幅度由該專案的風險與平均風險相比之後的水準來決定。

許多公司發現，針對每一項潛在專案找出專用的折現率並不務實，因此會把專案分成群組，然後以類別來適用不同的折現率。風險極高的專案（通常會涉及龐大的研發、未經驗證的技術，及〔或〕政經局勢不穩的海外新市場），通常用極高的折現率來折算現金流（比方說，公司加權平均資本成本的二倍）。風險稍低的專案，比方說開發新產品，可能就必須賺得比公司加權平均資本高一倍半的報酬率。涉及擴充企業規模的策略，則應用加權平均資本成本來折現。比較安全的專案，比方說涉及熟悉技術的成本改善行動，可能就會用比較低的折現率，比方說公司加權平均資本的四分之三。

有時候，企業甚至不願意分門別類，而是所有專案統一適用單一折現率。雖然這樣做可免——針對個別專案判定風險與折現率，但這是很危險的政策。如果你用同樣的折現率（或最低資本報酬率）用在所有專案上，會讓比較安全的專案價值不如實際（因為你用太高的折現率來折算現金流），也讓風險較高的專案變得似乎更有價值。這會讓你的專案組

合出現偏誤；當中專案的現金流風險超過其預期現金流認定的水準。

有些企業則使用其他比較單純的方法，針對風險與不確定性做調整。回本期法（payback method）就是這類方法。回本期法判斷專案的標準，是根據專案多快能賺回原始投資金額而定❸。舉例來說，公司的政策或許是只去做三年或更短時間內可以「回本」的專案。這類政策有兩個嚴重問題。其一是，只看投資回本，將會忽略了投資資金本來在他處可賺到的報酬，也就是機會成本。如果你只想要把錢拿回來，那麼一開始就不要投資；把錢守好就好。為便於說明這個問題，讓我們來看看討論太陽能面板投資決策時提到的前兩個案例，原始投資分別在第一年與第二年即可回本，但，這兩項都是很糟糕的投資，因為它們都無法賺到高於資本成本的可接受報酬率。其二是，回本期法忽略了專案在「門檻」（threshold）或「切點」（cutoff）日期以後能創造的現金流，完全不管之後能賺到多少錢。比方說，我們之前的最後一個案例（即納入通膨與稅負考量的案例）中，專案前四年都無法回收原始投資，但是這是一項現值淨值為正的專案，因為它在第四年和第五年可以創造出極高的收益❹。

第二種「簡單」做法比回本期法好一點，就是根據專案

的內部投資報酬率來做選擇。內部投資報酬率的主要優點，是你無須具體訂定折現率就能計算出專案的內部投資報酬率。但，你還是需要定下門檻報酬率，才能決定要接受哪一個專案；順著之前所提的案例推論，我們會接受的，是內部投資報酬率高於8%的專案。此外，風險較高的專案報酬率門檻應該不同於風險較低的專案。即便不管風險，內部投資報酬率高的專案，也不必然是現金流現值最高的專案。最後，用內部投資報酬率來計算現金流模式單純的專案（像我們之前提過的那些）雖然很簡單，但是面對現金流模式比較複雜的專案就難算了（就算利用試算表程式也如此）。舉例來說，如果現金流一開始是負的，後來轉為正值，當期末時又轉為負值（因為專案終止或出現處分成本之故），內部投資報酬率就不是獨一無二的數字了。這也就是說，不只一個折現率能讓讓專案現金流的總現值變成0。

當企業使用最低資本報酬率來進行內部資本配置決策時，通常會特意地讓這個報酬率高於外部資本成本。這麼做的理由之一，是他們要試著「抵銷」對未來現金流不切實際的高估。接下來我們就要討論這個問題。

## 樂觀、偏見與敏感度分析

　　做完前述所有步驟，我們就可以得出數字，並計算專案未來現金流的淨現值，試算表程式也會替我們算出獲利性，小數點幾位都可以！這種精準度當然是一種假象。我們算出的數字準確性，不會超越我們在分析中加入的假定。你必須面對的最大問題之一，是這些估計值通常會膨脹，這是因為提出專案的人本來在這件事情上的態度就比較樂觀。這個專案就好像他們自己的小孩。因此，他們僅會看到可能結果當中最美好的那一個：專案將會增進公司的營收、導引出突破的發展以及把經理人的事業生涯推往更高一層。這些正面結果聽起來美好到不像是真的，而且通常也確實不是真的。事實上，就算經理人開始看出最後的現值不像他們期望中這麼高，他們有時候還會故意誇大推估值。

　　基於很多理由，往後退一步、以挑剔的眼光來檢視所有數字，都是很有價值的做法，而上述問題正是其中之一。你要在不同的情境之下重新做計算：樂觀、悲觀、猜中機率最大等等。想要讓這項工作變得簡單一些，試著動手設計試算表，把所有重要假設都放在同一塊區域裏，是個好主意。這樣也便於進行任何調整改變。如果我們變更專案，不那麼做

而改這麼做，那會如何？專案的表現要比預期糟到什麼程度，才會導致損失而非賺錢？坊間有很多電腦套裝程式（包括附加在常用試算表程式中的那些）甚至可以協助你描繪出利潤的機率分布。

核准投資的流程，是另一種進行查核與權衡的重要方法。投資方案愈大，通常要經過的層級愈高。規模最大的投資類型，包括收購企業在內，必須經由董事會核准。在理想狀況下，這套流程不僅是由高層替經理人的想法蓋章背書而已，更要在二方面增添附加價值：第一，簽核者抱持的質疑態度，會引出專案提案人沒有想過的問題。第二，其他經理人和董事們通常經驗豐富，他們可以提供建議來強化專案。

在本章中，我們發展出一套架構，讓你能把決策、策略直接串連上它們為公司創造出來的經濟價值。折算現金流這套方法的主要益處之一，是它並未短視近利著重短期利潤或銷售，反之，這套方法的重點在於衡量長期的經濟價值。這讓你能有意義的方式來做比較，檢視創造報酬速度不同的策略優劣。金錢的時間價值是本套技巧之下的最重要經濟概念；這套技巧的成敗，取決於你是否有能力評估專案的現金流入、流出時點，這些時點都會因為策略性決策而受影響。你要具備相當的才智，以交易和事件為基準勾畫出實行策略

　　的進程，並要有足夠的技巧，將這些內容轉換成你預估的損益表、資產負債表，還有，最後還要轉化成未來的現金流。

　　預估的未來財報除了幫助你決定要從事哪些投資之外，也可以變成基準指標（benchmark，標竿比較），讓你評估你在執行既定資決策時的表現。之後，利用我們在第三章與第四章中學到的技巧，你可以分析績效、重新評估策略，並據此加以修正。從展望未來的投資以及回顧過去評估績效兩方面來說，財務報表都是重要的資訊來源；具備財會技能的經理人，在投資、評估以及修正這個持續循環的每一個階段中，都能擁有優勢。

---

㉔　Howell, D., (June 14, 2011), "Google to Help Bring Solar to 8,000 or More Homes Unusual \$280 Mil Investment Creates Fund SolarCity Will Use to Install Systems That It Leases to Owners Long Term," *Investor's Business Daily*.

㉕　期間的長短可任意選擇，只要適合你想要分析的問題就可以了。最常見的時間長度是每個月或每年。你必須要小心處理，確認利率（或者折現率）和期間長短一致。也就是說，如果期間是一年，折現率就必須是年報酬率；如果期間是一個月，折現率就必須是月報酬率。

㉖ 如果我們是借來$10,000為這項投資提供資金,就會看到這樣的情況。如果放款人開出的利率為8%(這是他的機會成本,是風險類似的投資可提供的報酬率),我們的利息費用就是$800。那麼,我們省下來的$10,500還不夠支付這筆利息再加上貸款的本金金額$10,000。如果我們是利用股權來融資投資(利用發行股份或動用保留盈餘),損益表上就不會出現使用資本的費用。但,這項成本資本可不是免費的!其成本是你有機會用這筆錢投資在其他地方,然後賺得8%的報酬率。

㉗ 這正好和以下的選擇如出一轍:你想要收到全新的勞斯萊斯(Rolls Royce)還是腳踏車?就算你不會開車,你還是應該選勞斯萊斯,因為你可以把車賣了,買一輛你想要的腳踏車,而且錢還有剩。

㉘ 年金是極常見的現金流型態,不僅出現在投資專案當中,在許多財務契約裏也可以見到其蹤跡,如房貸和債券。

㉙ 你永遠都要檢查計算機或試算表的指示,以驗證程式期待你輸入哪一類型的數據。比方說,8%的年利率輸入資料應輸入8或是0.08?正值的現金流代表的是流入還是流出?以Excel的PV功能為例,如果你要求程式計算每年$2,800的年金,期間5年,利率為8%,它傳回的值會是負的$11,979.59。如果這些答案要納入範圍更大的計算當中,而你希望答案以正值表示,你必須自己動手改變。

㉚ 如果我們用市場利率來當成未來現金流現值的折現率,當中已經內含彌補預期通膨的溢價。因此,我們也要把預期的通貨膨脹納入現金流的估計當中,讓現金流估計值和折現率一致。

㉛ 在Excel裏,這個函數稱為「NPV」。這個函數預設模式中的第一筆現金流會在從現在起算的第一期後出現。如果你會在當下就發生第一筆現金流(比方說我們的最初現金支出),你就不能把這

一筆納入 Excel 程式中 NPV 函數的計算。反之，你必須分別加進去，以計算總現值。

**㉜** 舉例來說，我們用下列公式來表達收款、營收與應收帳款三者之間的關係：

已收取的現金＝營收－應收帳款變動金額

應收帳款金額增加，代表已收款項少於營收。我們可以把額外的營收想成是投入在應收帳款，而不是馬上就可以收取的款項。

**㉝** 你通常會看到轉貸房貸的財務建議應用了相同的「邏輯」：先看看轉貸要花多少成本，然後把這些成本除以你月付款的變動金額，得出來的數字，就是你要花幾個月可以「彌補」你的轉貸成本。這樣的道理雖然是很好的分析起點，但問題在於這套邏輯忽略了機會成本，也就是你可以把這些成本投資在其他地方賺取的報酬。如果你賺到的報酬比你省下來的房貸還多，轉貸可能並不算是好主意。

**㉞** 雖然回本期法看起來可以避免具體訂定專案應使用的利率，但之所以如此，是因為這種方法隱隱假設了一套非常不實際的利率組合：在切點之前利率一直為 0，在切點之後的利率無限大。無須多言，這樣的利率組合極戲劇化也極不實際！

# 結語

　　在本書中，我們介紹了一套重要的技能，這是所有經理人錦囊中必備的妙計。經理人每天都要做出會影響公司利潤的決策，他們一直都需要評估自己做出的策略表現如何，並提出協助企業成長茁壯、改善強化的新策略。財會技能讓經理人瞭解針對自身績效所蒐集的資訊有何意義，知道必須蒐集哪些額外的資訊，以及如何把自己的想法造成的衝擊量化成數字，而且能夠參與涉及財務效應的策略討論。

　　我們涵蓋了財會的詞彙與用語：如何轉化商業交易與經濟事件，將之納入三大主要財報（資產負債表、損益表、現金流量表）當中。除了說明構成財務報表的個別要素之外，我們也討論了它們彼此之間的關連。就像任何新語言一樣，增進新習得技能最快速的方法，就是應用和練習。最好的實作方法，就是找來真正的財務報表。公開上市公司的財務報表，內含在其年報當中，他們會提供給股東；美國上市公司還要另提一份限定格式的年報叫Form 10-K，送交美國證管

會。你可以去找來一份自家公司的年報（annual report），仔細徹底地讀一讀❸。這不僅是你應用財會新知的好機會，更可以從中更瞭解自家公司。

　　一開始先大略瀏覽一下，看看真正的報表是什麼樣。報表的長度很可能會讓你大為訝異。年報通常以一段冗長的說明為開端，內容為公司自述以及產品說明，同時強調績效。這些資料大致尚未經稽核；公司擁有極大的裁量權，可以決定在這裏要談什麼，什麼又該輕描淡寫，甚至完全略過不提。舉例來說，如果這家公司在某項客戶滿意度調查當中表現良好，他們可以強調這一點，但如果不好，他們會根本連提都不提這件事。接下來的，才是財務報表本身。最後，會有幾十頁的附註。附註提供的是輔助資料與詳細內容，以及財務報表憑據的假設。

　　一旦你略讀過整體年報之後，就讓我們直接進入財務報表。財務報表應該看起來和本書範例大同小異，但應該會有一些新的科目。不要被這種情況嚇著了；每一次當你再度回頭檢視報表內容，就更能理解這些資訊的意義。現在，讓我們來做一些第三章與第四章中討論過的計算。先從損益表開始，公司的營收多少？又成長了多少？這家公司有獲利嗎？我們要算出盈利率，並檢視哪些成本耗損掉最多營收。有沒

有任何對利潤造成重大衝擊的「一次性」項目？現在，用前年的資料和去年的資料相比較。檢視資產負債表，看看從去年到今年以來，資產的組成內容有沒有重大變化。請計算這家公司的資產報酬率和股東權益報酬率，看看孰高孰低，以及這兩個數值和公司的舉債槓桿有何關係？公司負債多少？其資本結構有大幅變化嗎？公司主要的現金來源與用途是什麼？公司有沒有為了未來的發展大舉投資？他們付了多少股利？

做完這些工作之後，再回去看年報的第一部分。請找出「管理階層討論與分析」的章節。在這部分，公司會更完整地討論績效，並把今年的績效拿來和過去幾年相比。相較於你自行仔細閱讀過財報後發現的重點，他們的說法是什麼？公司還說了些什麼？請注意，年報中會有一個章節說明公司要面對的風險因素，還有另一個章節要解釋重要的會計政策，公司會在此處描述最需要人為判斷以及對財報產生最大衝擊的會計政策。

最後，請各位務必閱讀附註。因為這個部分大部分都是文字說明，很多讀者都會略過不讀。千萬避免犯下這種錯誤；這裏面包含了很多有用的資訊。花點時間，一次挑一小部分，詳細地讀完。如果出現任何新術語，請試著找出它們

的定義是什麼。如果公司沒有在年報的其他地方提供定義，那麼，網路會是一個好地方，你可以在網上查閱財務專用術語。看看公司在附註有沒有提到各事業群或部門的績效如何。詳細讀完自家公司的年報之後，也去找一家競爭對手的財報，如法炮製一番。比較之下，有什麼心得？

你還可以透過一個簡單的方法把新知拿來學以致用，就是去閱讀財經出版品。報紙、財經雜誌以及網路上每天都刊出許多文章，這裏面的主角就是各公司的財務與會計議題。試著去閱讀一些這類報導文章，而且經常閱讀。你會發現讀得愈多，你能懂得也就愈多，下一篇文章讀起來也會更輕鬆。

想要利用公開財報來演練現金流折現技巧則比較困難，但是，還有別的方法可行。請找來電腦試算表程式（比方說Excel），練習現值功能，如Excel裏的「PV」（年金專用）以及「NPV」（適用於比較一般性的現金流）。看看你能否複製出我們在本章中做過的現金流折現範例。之後，請把現金流折現技巧應用在一些你個人的財務議題上。

比方說，如果你有車貸或房貸，看看你能不能同樣算出你的月付款。之後，請還原你的分期付款方案，看看你是怎麼償付貸款的。

　　如果你有即將上大學的孩子，試著算一算每年要開始挪出多少錢存起來才付得起他們上大學的所有教育成本。試著依樣畫葫蘆，算算看如果你想要在退休時累積出一筆財富，從現在起要存多少錢。

　　最重要的是，要開始把這項新知應用在工作上。一旦你已經熟悉相關的詞彙術語，請在和同事進行討論時拿出來用，並向財會領域的人士多多請益。本書雖然介紹了許多重要議題，但市面上還有很多有用的教科書，可以協助你更進一步拓展並深入探究這些新習得的技能，請多加利用！你越瞭解財務議題，就能具備更多必要的知識技能，來監督公司的營運，更有效率地運用資源，並促成營收與利潤成長。這才是重點。

---

❸❺ 若你在公開上市公司任職，在公司網站上的「投資人關係（investor relations）」選項下應有副本。若否，你可以在公司內找一找。

# 致謝

　　我要感謝彼得‧柯納森（Peter Knutson），是他創立了華頓商學院財會主管訓練課程。柯納森給我機會，讓我在教授生涯早期就能參與本學程的教學；他慷慨地把他自己多年累積而成的教學資料和我分享，當他退休時，更推薦我接掌這套學程。我也要感謝布萊恩‧布許（Brian Bushee）、洛‧維瑞許亞（Ro Verrecchia）、鮑伯‧賀紹森（Bob Holthausen）以及克利斯‧因特納（Chris Ittner）等諸位教授；這幾位都是出色的教師，多年來更是優秀的同仁與本套學程中的中流砥柱。最後，我要感謝蓋瑞‧史坦（Gary Stern）和夏儂‧柏寧（Shannon Berning），謝謝他們提供的專業協助，讓我得以寫成本書，也讓我跟上進度。

附錄

# 現金流量表補充說明：間接法

　　企業通常以間接法來呈現其現金流量表，因此，如果你想要讀懂並能解讀「真正的」現金流量表，就必須瞭解本附錄提供的資料。此外，當你在學習如何將收益數字轉化成現金流量表時，這些技巧也大有助益；在進行現金流折現分析時，這種轉化技能非常重要。

　　我首先要呈現的，是在間接法下現金流量表中的營運部分是什麼樣子，之後再詳細討論。

**艾克森公司**
**現金流量表—間接法**
（僅有營運活動部分）

營運活動

| | |
|---|---|
| 淨利 | $2,850 |
| 加：折舊 | $4,000 |
| 減：應收帳款增加金額 | （$17,000） |
| 存貨增加金額 | （$20,000） |
| 加：應付帳款增加金額 | $23,000 |
| 應付稅金增加金額 | $1,900 |
| 應付獎酬增加金額 | $1,000 |
| 應付利息增加金額 | $250 |
| 營運活動現金 | （$4,000） |

　　這張表得出的總營運活動現金，和我們在第二章結尾看到的範例相同，但是這兩張表看起來大不相同。除了經驗老到的分析師以外，大部分的讀者都會覺得這種分歧很讓人疑惑，而非有所啟發。但，除非制定會計標準人士強制規定，強迫企業以本文中詳述的直接法編製現金流量表（這種看法已經獲得越來越多人支持），仍舊會有公司使用這種間接法來編製報表。因此，知道這些調整項如何讓二種方法編製出來的總營運活動現金相同，非常有用。

　　一開始的項目是淨利，淨利是營收減去費用。因為並非所有營收與費用項目都是現金，因此我們要進行調整，挪走非現金的部分。要找到這些非現金部分，我們要檢視資產負債表（更具體來說，是檢視資產負債表上的變動）。

　　就損益表上的營收而言，有一部分非現金的營收進入資產負債表的應收資產科目。以艾克森公司來說，應收帳款在當年度內增加了$16,000（一開始是0），代表我們從收取的現金營收會比認列的營收少了$16,000。這意味著我們必須把淨利的數字減掉$16,000，才能把收益轉為現金。我們也要針對其他項目做出類似調整。公司不見得以現金支付所有的薪酬獎金，非現金的部分，就是資產負債表上的應付獎酬負債。在這裏，現金流出不像我們認列的費用這麼高，所以

我們必須做正向調整，把數字加回淨利裏面。應付而未付的利息費用（這個項目出現在應付票據科目下）、應付而未付的稅金（這個項目出現在應付稅金科目下）以及折舊（這個科目出現在財產、廠房與設備這個資產科目的減項），也要做類似的調整。最複雜的調整，是在處理損益表上的銷貨成本時。在本例中，我們要做出兩項調整。第一，我們買進的產品單位數量多於銷售出去的，這樣一來，在其他條件不變之下，現金支出就會比損益表上認列的成本更高。這裏要做的是減項調整，反映的是存貨科目的增加金額。其次，我們進貨時並沒有全部付現，因此這裏的調整方向剛好相反。這裏要做加項調整，反映的是應付帳款增加的金額，在本例中是 23,000 美元。

　　因為所有科目的期初餘額均為 0，因此所有的負債與資產科目金額都是增加的。當我們從調整的方向來看時，資產增加會用掉現金，負債增加則會創造（或省下）現金。雖然在我們的範例當中無法看到，但資產負債表上的對應科目金額如果出現減少，那作用方向就和上述正好相反。資產減少的話，現金流量就要做加項調整（因為已經實際收到收益了），負債減少則要進行減項調整（因為我們付清負債了）。在最常被誤解的幾種報表科目調整當中，其中之一就

是要把折舊「加回去」。常常有人把這種調整（錯誤）解讀成折舊可以帶來現金。折舊無法讓現金增加，會做這個調整，只是因為在計算淨利時折舊費用是減項，現在必須抵銷而已。如果我們折舊的金額大，在現金流量表上因為折舊而要加回去的金額也就更大，但是，折舊越高，淨利也就越低。這二件事永遠都是互相抵銷的；折舊不是現金流，因此，折舊對於現金流量表造成的淨效應為零。

# 譯名對照表

## 前言

羅傑・恩瑞可（Roger Enrico）

百事可樂（PepsiCo）

可口可樂（Coca-Cola）

必勝客（Pizza Hut）

泰康全球餐飲公司（Tricon Global Restaurants）

百勝餐飲集團（Yum! Brands）

純品康納（Tropicana）

開特力（Gatorade）

美國聯邦食品藥物管理局（FDA）

新可樂（New Cola）

美國線上（AOL）

時代華納（Time Warner）

證券與交易管理委員會（SEC，Securities and Exchange Commission）

一般公認會計原則（GAAP，Generally Accepted Accounting Principles）

財務會計標準委員會（FASB，Financial Accounting Standards Board）

國際財務報告準則（IFRS，International Financial Reporting Standards）

國際會計標準委員會（IASB，International Accounting Standards Board）

## 第一章

香脆奶油甜甜圈（Krispy Kreme）

大麥克（Big Macs）

資產負債表（balance sheet）

損益表（income statement）

盈餘表（statement of earnings）

現金流量表（cash flow statement）

資產（asset）

金融資產（financial asset）

實體資產（physical asset）

無形資產（intangible asset）

流動資產（current asset）

非流動資產（noncurrent asset）

公平價值（fair value）

按市值計價（mark to market）

成本與市價孰低法（lower of cost or market）

減值（impairment）

相關性 vs. 可靠性（relevance versus reliability）

保守主義（conservatism）

英特品牌（Interbrand）

負債（liabilities）

實體（entity）

資產負債表外融資（off-balance-sheet financing）

業主權益（Owners' Equity）

實收資本（contributed capital）

保留盈餘（retained earning）

普通股（common stock）

資本公積（additional paid in capital）

淨資產（net asset）

淨值（net worth）

共同比資產負債表（common-size balance sheet）

首次公開發行（IPO，initial public offering）

營運活動（operating activity）

投資活動（investing activity）

融資活動（financing activity）

微軟（Microsoft）

蘋果（Apple）

未計利息、稅項、折舊及攤銷前收益（EBITDA，Earnings
　　　Before Interest, Taxes, Depreciation, and Amortization）

底線（bottom line）


## 第二章

托爾兄弟（Toll Brothers）

複式簿記（double entry accounting）

艾克森公司（Accent Inc.）

分錄（entry）

龐氏騙局（Ponzi schemes）

存貨（inventory）

財產、廠房與設備（property, plant, and equipment）

應付帳款（accounts payable）

應收帳款（accounts receivable）

應付票據（notes payable）

直線折舊法（straight line depreciation）

應付所得稅（income taxes payable）

累積利潤（accumulated profit）

直接法（direct method）—現金流量表

間接法（indirect method）—現金流量表

## 第三章

管理階層討論與分析（Management Discussion and Analysis）

基準指標（benchmark）

頂線（top line）

本益比（PE ratio，price-to-earnings ratio）

標準普爾五百指數（S&P 500）

同店銷售量（same-store sales）

沃肯建材（Vulcan Materials）

佛羅里達石材（Florida Rock）

豐田汽車（Toyota）

開出發票但代保管商品（bill and hold）

附屬協定（side agreement）

日光企業（Sunbeam）

安隆（Enron）

沖銷（write off）

銷售組合（bundling）

交付項目（deliverable）

共同比損益表（common-sized income statement）

盈利率（profit margin）

毛利（gross margin）

利潤毛額（gross profit）

營業毛利（operating margin）

營業利潤（operating profit）

管銷成本（SG&A，selling, general, and administrative cost）

陶氏化學公司（Dow Chemicals）

喜互惠（Safeway）

達美航空（Delta Airlines）

宏盟集團（Omnicom Corporation）

甲骨文（Oracle）

先進先出法（FIFO，first in first out）

後進先出法（LIFO，last in first out）

遞延稅負資產（deferred tax asset）

資產減記（write down）

繼續營業部門之收益（income from continuing operations）

終止營業部門之收益（income from discontinuing operations）

非常項目（extraordinary items）

昇陽電腦（Sun Microsystems）

通用汽車（GM，General Motors）

思科（Cisco）

**第四章**

沃爾瑪超市（Walmart）

蒂芬妮珠寶（Tiffany）

資產報酬率（ROA，return on asset）

股東權益報酬率（ROE，return on equity）

加權平均資本成本（WACC，weighted average cost of capital）

投資報酬率（ROI，return on investment）

槓桿（leverage）

未舉債收益（unlevered income）

稅後營業淨利（NOPAT，net operating profit of the firm after taxes）

扣除利息前盈餘（EBI，earnings before interest）

穆迪（Moody）

標準普爾（Standard & Poor）

惠譽（Fitch）

資產周轉率（asset turnover）

應收帳款周轉天數（days receivables）

應收帳款流通在外天數（DSO，days sales outstanding）

營運資本（working capital）

梅西百貨（Macy's）

福特信貸（Ford Credit）

營運週期（operating cycle）

資本資產定價模型（CAPM，capital asset pricing model）

雷曼兄弟（Lehman Brothers）

債務權益比（debt-to-equity ratio）

債務資產比（debt-to-asset ratio）

槓桿式收購（LBO，leveraged buy-out）

資產負債表外融資（off-balance-sheet financing）

營運租賃（operating lease）

附買回交易（repurchase agreement）

## 第五章

安全邊際（margin of safety）

沉沒成本（sunk cost）

單位成本（full costs per unit）

每單位邊際收益（contribution margin per unit）

營收（revenue）

成本（cost）

獲利（profit）

損平點（break-even point）

價格線公司（Priceline）

軌道公司（Orbitz）

## 第六章

現值（present value）

複利（compounding interest）

折現率（discount rate）

最低資本報酬率（hurdle rate）

內部投資報酬率（IRR，Internal Rate of Return）

稅盾（tax shield）

回本期法（Payback Method）

門檻（threshold）

切點（cutoff）

## 結語

年報（annual report）

| 書　號 | 書　　名 | 作　　者 | 定價 |
|---|---|---|---|
| QB1152 | 科技選擇：如何善用新科技提升人類，而不是淘汰人類？ | 費維克‧華德瓦、亞歷克斯‧沙基佛 | 380 |
| QB1153 | 自駕車革命：改變人類生活、顛覆社會樣貌的科技創新 | 霍德‧利普森、梅爾芭‧柯曼 | 480 |
| QB1154 | U型理論精要：從「我」到「我們」的系統思考，個人修練、組織轉型的學習之旅 | 奧圖‧夏默 | 450 |
| QB1155 | 議題思考：用單純的心面對複雜問題，交出有價值的成果，看穿表象、找到本質的知識生產術 | 安宅和人 | 360 |
| QB1156 | 豐田物語：最強的經營，就是培育出「自己思考、自己行動」的人才 | 野地秩嘉 | 480 |
| QB1157 | 他人的力量：如何尋求受益一生的人際關係 | 亨利‧克勞德 | 360 |
| QB1158 | 2062：人工智慧創造的世界 | 托比‧沃爾許 | 400 |
| QB1159 | 機率思考的策略論：從消費者的偏好，邁向精準行銷，找出「高勝率」的策略 | 森岡毅、今西聖貴 | 550 |
| QB1160 | 領導者的光與影：學習自我覺察、誠實面對心魔，你能成為更好的領導者 | 洛麗‧達絲卡 | 380 |
| QB1161 | 右腦思考：善用直覺、觀察、感受，超越邏輯的高效工作法 | 內田和成 | 360 |
| QB1162 | 圖解智慧工廠：IoT、AI、RPA如何改變製造業 | 松林光男審閱、川上正伸、新堀克美、竹內芳久編著 | 420 |
| QB1163 | 企業的惡與善：從經濟學的角度，思考企業和資本主義的存在意義 | 泰勒‧柯文 | 400 |
| QB1164 | 創意思考的日常練習：活用右腦直覺，重視感受與觀察，成為生活上的新工作力！ | 內田和成 | 360 |
| QB1165 | 高說服力的文案寫作心法：為什麼你的文案沒有效？教你潛入顧客內心世界，寫出真正能銷售的必勝文案！ | 安迪‧麥斯蘭 | 450 |
| QB1166 | 精實服務：將精實原則延伸到消費端，全面消除浪費，創造獲利（經典紀念版） | 詹姆斯‧沃馬克、丹尼爾‧瓊斯 | 450 |
| QB1167 | 助人改變：持續成長、築夢踏實的同理心教練法 | 理查‧博雅吉斯、梅爾文‧史密斯、艾倫‧凡伍思坦 | 380 |

# 經濟新潮社　〈經營管理系列〉

| 書　號 | 書　　　名 | 作　　者 | 定價 |
|---|---|---|---|
| QB1133 | BCG頂尖人才培育術：外商顧問公司讓人才發揮潛力、持續成長的祕密 | 木村亮示、木山聰 | 360 |
| QB1134 | 馬自達Mazda技術魂：駕馭的感動，奔馳的祕密 | 宮本喜一 | 380 |
| QB1135 | 僕人的領導思維：建立關係、堅持理念、與人性關懷的藝術 | 麥克斯・帝普雷 | 300 |
| QB1136 | 建立當責文化：從思考、行動到成果，激發員工主動改變的領導流程 | 羅傑・康納斯、湯姆・史密斯 | 380 |
| QB1137 | 黑天鵝經營學：顛覆常識，破解商業世界的異常成功個案 | 井上達彥 | 420 |
| QB1138 | 超好賣的文案銷售術：洞悉消費心理，業務行銷、社群小編、網路寫手必備的銷售寫作指南 | 安迪・麥斯蘭 | 320 |
| QB1139 | 我懂了！專案管理（2017年新增訂版） | 約瑟夫・希格尼 | 380 |
| QB1140 | 策略選擇：掌握解決問題的過程，面對複雜多變的挑戰 | 馬丁・瑞夫斯、納特・漢拿斯、詹美賈亞・辛哈 | 480 |
| QB1141 | 別怕跟老狐狸說話：簡單說、認真聽，學會和你不喜歡的人打交道 | 堀紘一 | 320 |
| QB1143 | 比賽，從心開始：如何建立自信、發揮潛力，學習任何技能的經典方法 | 提摩西・高威 | 330 |
| QB1144 | 智慧工廠：迎戰資訊科技變革，工廠管理的轉型策略 | 清威人 | 420 |
| QB1145 | 你的大腦決定你是誰：從腦科學、行為經濟學、心理學，了解影響與說服他人的關鍵因素 | 塔莉・沙羅特 | 380 |
| QB1146 | 如何成為有錢人：富裕人生的心靈智慧 | 和田裕美 | 320 |
| QB1147 | 用數字做決策的思考術：從選擇伴侶到解讀財報，會跑Excel，也要學會用數據分析做更好的決定 | GLOBIS商學院著、鈴木健一執筆 | 450 |
| QB1148 | 向上管理・向下管理：埋頭苦幹沒人理，出人頭地有策略，承上啟下、左右逢源的職場聖典 | 蘿貝塔・勤斯基・瑪圖森 | 380 |
| QB1149 | 企業改造（修訂版）：組織轉型的管理解謎，改革現場的教戰手冊 | 三枝匡 | 550 |
| QB1150 | 自律就是自由：輕鬆取巧純屬謊言，唯有紀律才是王道 | 喬可・威林克 | 380 |
| QB1151 | 高績效教練：有效帶人、激發潛力的教練原理與實務（25週年紀念增訂版） | 約翰・惠特默爵士 | 480 |

## 經濟新潮社　　〈經營管理系列〉

| 書號 | 書名 | 作者 | 定價 |
|---|---|---|---|
| QB1105 | CQ文化智商：全球化的人生、跨文化的職場——在地球村生活與工作的關鍵能力 | 大衛‧湯瑪斯、克爾‧印可森 | 360 |
| QB1107 | 當責，從停止抱怨開始：克服被害者心態，才能交出成果、達成目標！ | 羅傑‧康納斯、湯瑪斯‧史密斯、克雷格‧希克曼 | 380 |
| QB1108X | 增強你的意志力：教你實現目標、抗拒誘惑的成功心理學 | 羅伊‧鮑梅斯特、約翰‧堤爾尼 | 380 |
| QB1109 | Big Data大數據的獲利模式：圖解‧案例‧策略‧實戰 | 城田真琴 | 360 |
| QB1110X | 華頓商學院教你看懂財報，做出正確決策 | 理查‧蘭柏特 | 360 |
| QB1111C | V型復甦的經營：只用二年，徹底改造一家公司！ | 三枝匡 | 500 |
| QB1112 | 如何衡量萬事萬物：大數據時代，做好量化決策、分析的有效方法 | 道格拉斯‧哈伯德 | 480 |
| QB1114 | 永不放棄：我如何打造麥當勞王國 | 雷‧克洛克、羅伯特‧安德森 | 350 |
| QB1117 | 改變世界的九大演算法：讓今日電腦無所不能的最強概念 | 約翰‧麥考米克 | 360 |
| QB1120X | Peopleware：腦力密集產業的人才管理之道（經典紀念版） | 湯姆‧狄馬克、提摩西‧李斯特 | 460 |
| QB1121 | 創意，從無到有（中英對照×創意插圖） | 楊傑美 | 280 |
| QB1123 | 從自己做起，我就是力量：善用「當責」新哲學，重新定義你的生活態度 | 羅傑‧康納斯、湯姆‧史密斯 | 280 |
| QB1124 | 人工智慧的未來：揭露人類思維的奧祕 | 雷‧庫茲威爾 | 500 |
| QB1125 | 超高齡社會的消費行為學：掌握中高齡族群心理，洞察銀髮市場新趨勢 | 村田裕之 | 360 |
| QB1126 | 【戴明管理經典】轉危為安：管理十四要點的實踐 | 愛德華‧戴明 | 680 |
| QB1127 | 【戴明管理經典】新經濟學：產、官、學一體適用，回歸人性的經營哲學 | 愛德華‧戴明 | 450 |
| QB1129 | 系統思考：克服盲點、面對複雜性、見樹又見林的整體思考 | 唐內拉‧梅多斯 | 450 |
| QB1131 | 了解人工智慧的第一本書：機器人和人工智慧能否取代人類？ | 松尾豐 | 360 |
| QB1132 | 本田宗一郎自傳：奔馳的夢想，我的夢想 | 本田宗一郎 | 350 |

**經濟新潮社** 〈經營管理系列〉

| 書　號 | 書　名 | 作　者 | 定價 |
|---|---|---|---|
| QB1063 | 溫伯格的軟體管理學：關照全局的管理作為（第3卷） | 傑拉爾德・溫伯格 | 650 |
| QB1069X | 領導者，該想什麼？：運用MOI（動機、組織、創新），成為真正解決問題的領導者 | 傑拉爾德・溫伯格 | 450 |
| QB1070X | 你想通了嗎？：解決問題之前，你該思考的6件事 | 唐納德・高斯、傑拉爾德・溫伯格 | 320 |
| QB1071X | 假說思考：培養邊做邊學的能力，讓你迅速解決問題 | 內田和成 | 360 |
| QB1075X | 學會圖解的第一本書：整理思緒、解決問題的20堂課 | 久恆啟一 | 360 |
| QB1076X | 策略思考：建立自我獨特的insight，讓你發現前所未見的策略模式 | 御立尚資 | 360 |
| QB1080 | 從負責到當責：我還能做些什麼，把事情做對、做好？ | 羅傑・康納斯、湯姆・史密斯 | 380 |
| QB1082X | 論點思考：找到問題的源頭，才能解決正確的問題 | 內田和成 | 360 |
| QB1083 | 給設計以靈魂：當現代設計遇見傳統工藝 | 喜多俊之 | 350 |
| QB1089 | 做生意，要快狠準：讓你秒殺成交的完美提案 | 馬克・喬那 | 280 |
| QB1091 | 溫伯格的軟體管理學：擁抱變革（第4卷） | 傑拉爾德・溫伯格 | 980 |
| QB1092 | 改造會議的技術 | 宇井克己 | 280 |
| QB1093 | 放膽做決策：一個經理人1000天的策略物語 | 三枝匡 | 350 |
| QB1094 | 開放式領導：分享、參與、互動──從辦公室到塗鴉牆，善用社群的新思維 | 李夏琳 | 380 |
| QB1095X | 華頓商學院的高效談判學（經典紀念版）：讓你成為最好的談判者！ | 理查・謝爾 | 430 |
| QB1098 | CURATION策展的時代：「串聯」的資訊革命已經開始！ | 佐佐木俊尚 | 330 |
| QB1100 | Facilitation引導學：創造場域、高效溝通、討論架構化、形成共識，21世紀最重要的專業能力！ | 堀公俊 | 350 |
| QB1101 | 體驗經濟時代（10週年修訂版）：人們正在追尋更多意義，更多感受 | 約瑟夫・派恩、詹姆斯・吉爾摩 | 420 |
| QB1102X | 最極致的服務最賺錢：麗池卡登、寶格麗、迪士尼都知道，服務要有人情味，讓顧客有回家的感覺 | 李奧納多・英格雷利、麥卡・所羅門 | 350 |

# 經濟新潮社　〈經營管理系列〉

| 書　號 | 書　　名 | 作　者 | 定價 |
|---|---|---|---|
| QB1008 | 殺手級品牌戰略：高科技公司如何克敵致勝 | 保羅・泰柏勒、<br>李國彰 | 280 |
| QB1015X | 六標準差設計：打造完美的產品與流程 | 舒伯・喬賀瑞 | 360 |
| QB1016X | 我懂了！六標準差設計：產品和流程一次OK！ | 舒伯・喬賀瑞 | 260 |
| QB1021X | 最後期限：專案管理101個成功法則 | 湯姆・狄馬克 | 360 |
| QB1023 | 人月神話：軟體專案管理之道 | Frederick P. Brooks, Jr. | 480 |
| QB1024X | 精實革命：消除浪費、創造獲利的有效方法<br>（十週年紀念版） | 詹姆斯・沃馬克、<br>丹尼爾・瓊斯 | 550 |
| QB1026 | 與熊共舞：軟體專案的風險管理 | 湯姆・狄馬克、<br>提摩西・李斯特 | 380 |
| QB1027X | 顧問成功的祕密（10週年智慧紀念版）：有效<br>建議、促成改變的工作智慧 | 傑拉爾德・溫伯格 | 400 |
| QB1028X | 豐田智慧：充分發揮人的力量（經典暢銷版） | 若松義人、近藤哲夫 | 340 |
| QB1041 | 要理財，先理債 | 霍華德・德佛金 | 280 |
| QB1042 | 溫伯格的軟體管理學：系統化思考（第1卷） | 傑拉爾德・溫伯格 | 650 |
| QB1044 | 邏輯思考的技術：寫作、簡報、解決問題的有<br>效方法 | 照屋華子、岡田惠子 | 300 |
| QB1045 | 豐田成功學：從工作中培育一流人才！ | 若松義人 | 300 |
| QB1046 | 你想要什麼？：56個教練智慧，把握目標迎向<br>成功 | 黃俊華、曹國軒 | 220 |
| QB1049 | 改變才有救！：培養成功態度的57個教練智慧 | 黃俊華、曹國軒 | 220 |
| QB1050 | 教練，幫助你成功！：幫助別人也提升自己的<br>55個教練智慧 | 黃俊華、曹國軒 | 220 |
| QB1051X | 從需求到設計：如何設計出客戶想要的產品<br>（十週年紀念版） | 唐納德・高斯、<br>傑拉爾德・溫伯格 | 580 |
| QB1052C | 金字塔原理：思考、寫作、解決問題的邏輯方法 | 芭芭拉・明托 | 480 |
| QB1053X | 圖解豐田生產方式 | 豐田生產方式研究會 | 300 |
| QB1055X | 感動力 | 平野秀典 | 250 |
| QB1058 | 溫伯格的軟體管理學：第一級評量（第2卷） | 傑拉爾德・溫伯格 | 800 |
| QB1059C | 金字塔原理Ⅱ：培養思考、寫作能力之自主訓<br>練寶典 | 芭芭拉・明托 | 450 |
| QB1062X | 發現問題的思考術 | 齋藤嘉則 | 450 |

國家圖書館出版品預行編目資料

華頓商學院教你看懂財報，做出正確決策／理
查‧蘭柏特（Richard Lambert）著；吳書榆
譯. -- 二版. -- 臺北市：經濟新潮社出版：
英屬蓋曼群島商家庭傳媒股份有限公司城邦
分公司發行, 2021.03
　　面；　公分. --（經營管理；110）
　　譯自：Financial literacy for managers: finance
and accounting for better decision-making
　ISBN 978-986-06116-2-5（平裝）

　1.財務會計　2.財務報表　3.決策管理
495.4　　　　　　　　　　　　110002119